Kerstin Boll

Berater-Marketing: Webseiten, die verkaufen

Die Kunst der Kundenansprache im KI-Zeitalter, von der Positionierung bis zum perfekten Textwork

managerSeminare Verlags GmbH – Edition Training aktuell

Kerstin Boll
Berater-Marketing: Webseiten, die verkaufen
Die Kunst der Kundenansprache im KI-Zeitalter, von der Positionierung bis zum perfekten Textwork

Endenicher Str. 41, D-53115 Bonn
Tel.: 0228-977910
info@managerseminare.de
www.managerseminare.de/shop

Printed in Germany

ISBN: 978-3-949611-32-2

Herausgeber der Edition Training aktuell:
Ralf Muskatewitz, Jürgen Graf, Nicole Bußmann

Lektorat: Sadia Oumohand
Cover: Visual Generation – stock.adobe.com
Druck: Beltz Grafische Betriebe, Bad Langensalza

Der Inhalt des Buchs wurde gedruckt auf Schönfelder Brillant. Das Papier erfüllt die Auflagen der Umweltzeichen „Blauer Engel (RAL-UZ 72)“ und „EU-Umweltzeichen (ECO-Label)“. Die mit dem Druck verbundenen CO_2-Emissionen werden vom Verlag kompensiert und fließen in unterschiedliche Aufforstungsprojekte zum Klimaschutz. Nähere Informationen finden Sie unter: www.managerseminare.de/verlag/umwelt

Inhaltsverzeichnis

Damit Ihre Webseite richtig klasse wird! 6

I **Schnellkurs Kundenflüsterer** 9

Was Sie über modernes Trainermarketing wissen sollten 10

01 Über Modelle, Konzepte und Systeme 11
02 Werden Sie zum „Entscheidungscoach" 13
03 Marketing: Trends, Einflüsse, Lösungen 19
04 Fokus Marketing heute 22
05 Community Marketing: Alternative für die Werbung? 23
06 Social Media im Trainermarketing – muss das sein? 27

Was Ihre Kunden wirklich suchen 30

07 Das Profil als Türöffner 31
08 Ein Profil lässt mehr Freiheiten als gedacht 34
09 Ihr Kunde hat einen eigenen Traum 36
10 Personalentscheider im Interview 39
11 So kommen Sie zu einem wirklich guten Profil 44
12 Sicherheit – das wertvollste Geschenk an Ihren Kunden 48

Wozu noch ein Profil? 50

13 Einzigartigkeit – ach was! 51
14 Ihr Profil – für die Sicherheit, die Sie vermitteln 55
15 Ihr Profil – für Ihre selbstbewusste Ausstrahlung 56

16 Ihr Profil – für die Aufmerksamkeit, die Sie auf sich ziehen 59
17 Ihr Profil – für Ihre Webseite 60

II Unterwegs im Netz 63

In den Schuhen Ihrer Besucher gehen 64

01 Wie bewegen sich Kunden im Netz? 65
02 Wie gelingt es, die richtigen Duftmarken zu setzen? 67
03 Beispiel für den gelungenen Einsatz von Biases 73

Wie Google Ihre Webseite sieht 76

04 Suchmaschinenoptimierung (SEO) – Die Basics 77
05 Sechs Empfehlungen für Ihren Umgang mit Google 80

Ihre Ziele: Die Rolle Ihrer Website in der Kundengewinnung 82

06 Wozu brauchen Sie noch eine Website? 83
07 Die Website im Verkaufsprozess 87
08 Worauf kommt es denn nun an? 91

III Ihre Website planen 99

Der Website-Projektplan 100

01 Die 6 Schritte Ihres Projektplans 101
02 Ihre Positionierung 104
03 Von Homepage bis FAQ: Die wichtigsten Elemente einer Beraterwebseite 111

Ihr Design und Layout 116

04 Gutes Design holt Ihr Publikum bei den Emotionen ab 117
05 Webseiten von der Stange oder Maßschneiderei: Pro und Kontra 124
06 Die Inhalte und die Seiten festlegen 129
07 Viele oder wenige Informationen? 131

Ihre Fotos **136**

08 Gute Fotos schlagen eine Brücke zum Betrachter 137
09 Kreative Foto-Ideen für Berater und Trainerinnen 140
10 Entspannt zum Fototermin 144

Ihr Textwork **146**

11 Alles bereit? 147
12 Zur Einstimmung: So schreiben Sie Texte, die verkaufen 148
13 Ihren stärksten Argumenten auf der Spur 150
14 Die Homepage 154
15 Die Angebotsseite 164
16 Die Landingpage 167
17 Die Über-mich-Seite 173
18 Effektive Call-to-Actions 176
19 Kundenstimmen und Referenzen 181
20 Snippets 183
21 Artikel schreiben mit KI 187

Praxisbeispiel **190**

22 Textentwurf für einen Führungskräftetrainer 191
23 Feinschliff: Alles richtig? 198
24 Nun sind Sie an der Reihe! 201
25 Zweiter Check des Textworks 211

Anhang

Literatur & Links 214
Stichwortverzeichnis 217

Download-Ressourcen

- Video „Starke, individuelle Inhalte mit KI" (Seite 7)
- 9-Schritte-Plan für ein profitables Beratungsbusiness (Seite 96)
- Leitfaden für Landingpages (Seite 170)
- Exkurs Social Media (Seite 212)

Damit Ihre Webseite richtig klasse wird!

Mit diesem Ratgeber möchte ich Sie dabei unterstützen, die optimale Webseite für sich zu gestalten. Er richtet sich an Berater und Beraterinnen, die ihre Online-Präsenz verbessern und ihre Kunden und Kundinnen so ansprechen möchten, wie diese es heute erwarten. Viele Webseiten bleiben unterhalb des Möglichen. Ihre Webseite soll sich jedoch auf angenehme Weise hervorheben und überzeugen!

Der Ratgeber begleitet Sie von A bis Z durch Ihr Webseiten-Projekt:

Teil 1: Schnellkurs Kundenflüsterer

Was erwarten Ihre Kunden heute von Ihnen? Gutes Marketing spiegelt stets die Gegenwart wider. Lernen Sie, was modernes Marketing leisten muss und hören Sie von Personalentscheidern, wie sie ihre Projektpartner auswählen.

Teil 2: Unterwegs im Netz

Wie überzeugen Sie Ihre Besucher und Google? Lernen Sie Strategien kennen, um Ihre Webseite ansprechend und wirkungsvoll zu gestalten.

Teil 3: Ihre Website planen (mit Praxisbeispiel)

Ein Projektplan zeigt Ihnen alle wichtigen Aufgaben und die Reihenfolge, die sich anbietet. Von der Positionierung über Design und Layout bis zu Texten und Fotos – hier finden Sie alles, was Sie benötigen. Sie erhalten Mustervorlagen für verschiedene Seitentypen und Textblöcke und erfahren außerdem, wie Sie hochwertige Blog-Artikel mit KI erstellen. Zum Schluss erwartet Sie ein praktisches Beispiel für eine Umsetzung sowie Tipps, wie Sie flexibel reagieren können, falls der ideale Projektablauf nicht passt.

Praxisorientiert und aktuell

„Einfacher, übersichtlicher, kürzer" lautet das Motto gut gestalteter Webseiten heute. Dieser Ratgeber stellt Ihnen dazu konkrete Anleitungen und Beispiele zur Verfügung. Sie sehen, was Kunden sehen wollen und erhalten Tipps, die Sie sofort umsetzen können. Zugleich berücksichtigt der Ratgeber aktuelle KI-Technologien, um die Textentwicklung zu vereinfachen – ein wesentlicher Unterschied zur ersten Ausgabe des „Website-Coachs" von 2015.

Meine Erfahrung

Seit 2005 berate ich Beraterinnen und Berater und erstelle Content für sie. Mein Ziel war es stets, meine Kunden dabei zu unterstützen, eigene Kunden zu gewinnen. Der Name „quiVendo“ deutet darauf hin – „vendere“ bedeutet verkaufen.

Wer Content für das Internet schreibt, muss sich mit grundlegenden Web-Technologien vertraut machen, denn sie bilden das Umfeld, in dem sich der Content bewähren muss. Mit diesem Gedanken entwickle ich seit Jahren meine Webseiten selbst. Alle meine Empfehlungen basieren auf meiner verkäuferischen Sichtweise und der praktischen Erfahrung.

Warum dieser Ratgeber anders ist

Viele Bücher konzentrieren sich auf die Technik hinter den Webseiten. Doch die Technik funktioniert mittlerweile gut. Die Entwicklung geht hin zu leicht und intuitiv zu bedienenden Systemen. Dieser Ratgeber legt deshalb den Schwerpunkt auf die inhaltliche Gestaltung. Sie lernen, Ihre Webseite nicht nur technisch, sondern auch inhaltlich überzeugend zu gestalten.

Bonus

Zusätzlich erhalten Sie Zugang zu einem Video mit dem Titel „Starke, individuelle Inhalte mit KI“. Hier erfahren Sie, wie Sie kundenfreundliche und hochwertige Inhalte entwickeln und gezielt einsetzen, um Kunden auf Sie aufmerksam zu machen und von Ihnen zu überzeugen. Das Video ergänzt den Ratgeber und zeigt, was kommt, wenn Ihre Webseite fertig ist.

Download: Video „Starke, individuelle Inhalte mit KI“

Ich freue mich darauf, Sie auf dieser spannenden Reise zu begleiten. Beim Schreiben des Buchs habe ich alles daran gesetzt, dass Ihre Webseite nicht nur gut, sondern richtig klasse wird. Ich wünsche Ihnen viel Erfolg!

Herzlichst,
Ihre Kerstin Boll

Teil I

Schnellkurs Kundenflüsterer

Wer weiß, was modernes Trainermarketing ausmacht, trifft sichere Entscheidungen für den eigenen Auftritt

In diesem Kapitel lesen Sie

- was Sie über modernes Trainermarketing wissen sollten,
- was Ihre Kunden wirklich suchen und
- was Sie mit Ihrem Profil erreichen.

Abschnitt 1

Was Sie über modernes Trainermarketing wissen sollten

Gutes Marketing ist das Kind seiner Zeit. Was „gut" ist, hängt von vielerlei ab: von Kundenerwartungen, vom Zeitgeist und von der Technik. Im ersten Abschnitt lesen Sie, was das Trainermarketing heute prägt:

- Wie es kommt, dass Ihre Verhandlungspartner sich heute nicht mehr allein durch Ihre Produkte und Leistungen überzeugen lassen
- Weshalb es so wichtig ist, dass Sie Ihren Kunden auf Augenhöhe begegnen und was das für Ihr Marketing bedeutet
- Und warum es auf Dauer sinnvoll ist, sich mit Social-Media-Aktivitäten auseinanderzusetzen

01 Über Modelle, Konzepte und Systeme 11
02 Werden Sie zum „Entscheidungscoach" 13
03 Marketing: Trends, Einflüsse, Lösungen 19
04 Fokus Marketing heute 22
05 Community Marketing: Alternative für die Werbung? 23
06 Social Media im Trainermarketing – muss das sein? 27

01

Über Modelle, Konzepte und Systeme

Mit einem individuellen Beratungsmodell zu arbeiten, ist eine gute Idee. Doch können Sie Ihrem Kunden gegenüber belegen, dass es seine Versprechen einhält? Wie gut löst es die Probleme Ihres Kunden? Warum?

Beispiel

Es ist Tag der offenen Tür in einem Weiterbildungsinstitut. Ein Trainer präsentiert sein Konzept zur Organisationsentwicklung. Das Konzept ist an die Gesetze der Evolution angelehnt. Unter den Zuschauern ist eine Personalentscheiderin. Sie braucht dringend Unterstützung für ihr Unternehmen. Ihr Anliegen brennt ihr unter den Nägeln. Das evolutionäre Konzept des Trainers ist ihr sympathisch. Sie will ihm glauben, doch sie braucht handfeste Fakten, um zu seinem Konzept „Ja" sagen zu können. Sie fragt ihn: „Welche Erfahrungen haben Sie mit Ihrem Modell gemacht? Können Sie sie belegen? Wieso ist die Natur ein aussagekräftiges Vorbild für eine Unternehmensorganisation?" Sie fragt mehrfach, eine ganze Weile. Doch der Trainer bleibt die Antworten schuldig. An diesem Tag bleibt er ohne Neukundin und die Entscheiderin ohne Lösung.

Tipp!

Mit einem Modell zu arbeiten, ist absolut empfehlenswert, denn es bringt Sie in eine starke kommunikative Position. Statt zu sagen „Buchen Sie mich, weil ich erfahren bin", sagen Sie im Kern „Buchen Sie mich, weil mein Modell erprobt ist und funktioniert". Sie verkaufen nicht sich selbst, sondern Ihr Modell.

Ohne Beleg wird es allerdings schwer, Ihre Kunden zu überzeugen. Szenen, wie weiter oben beschrieben, sind nicht selten.

Kunden wollen erprobte Problemlösungen

Ein Kunde erzählte mir, wie mühsam es für Personalleute ist, sich im Dickicht der Weiterbildungsmodelle und -systeme zurechtzufinden. Er sprach aus eigener Erfahrung. Personalentscheider sprechen Trainer und Beraterinnen an, weil sie eine Aufgabe haben oder weil sie ein Problem drückt. Sie wollen sicher sein, dass sie mit dem eingekauften Trainer oder

Berater zuverlässig zum Ziel kommen. Häufig genug bleiben sie unsicher. Geben Sie ihnen die Informationen, die sie benötigen, um sich für Sie entscheiden zu können. Dieses Buch will Sie dabei begleiten.

02

Werden Sie zum „Entscheidungscoach"

Content verlässt den Thron. Context is King.

B2B-Entscheiderinnen ertrinken einerseits in der Informationsflut, die das Netz zur Verfügung stellt. Andererseits fehlen ihnen die Informationen, die ihnen wirklich weiterhelfen. Es liegt an uns, diese Lücke zu füllen.

Kunden kaufen zunehmend im Netz. Schon seit Jahren hält der Trend an. Bei meinen Recherchen bin ich sogar über den Begriff „No-Touch-Vertrieb" gestolpert: Angeblich will ein Drittel aller Käufer und Käuferinnen keinen Kontakt mehr vor einem Verkauf. Dies gilt umso mehr, je jünger sie sind (Gartner, 2022).

Das Überangebot wirkt auf Kunden verwirrend

Sowohl privat als auch beruflich machen Kundinnen zweifelhafte Erfahrungen mit Verkäufern: Diese haben oft das eigene Wohl mehr im Sinn als das der Käuferin. Hinzu kommt eine verwirrende Vielfalt an Argumenten und Theorien: Der eine behauptet dies, der Nächste das glatte Gegenteil. Weshalb zwei Verkäufer zu unterschiedlichen Empfehlungen kommen, bleibt oft ein Geheimnis. Und wie sich die verschiedenen Empfehlungen und Theorien potenziell auf das Unternehmen auswirken werden, noch mehr (Gartner, 2020). Eine Käuferin muss fürchten, viel Zeit in Gesprächen mit Verkäufern zu verbringen, ohne einen Schritt weiterzukommen.

Beispiel

Das hatte ich in fast 20 Jahren als Selbstständige nicht erlebt: Im Gespräch mit dem neuen Kunden schien alles positiv: vertrauensvoller Austausch, Gespräch über Hürden und Hindernisse, Abstimmen von Erwartungen und Zielen. Auch der Honorar-Check verlief glatt.

Ein paar Tage später erhielt ich eine Absage. Der Kunde hatte mit weiteren Anbietern gesprochen, die ihn unter Druck gesetzt hatten – den Eindruck machte er jedenfalls. Auf eine zweite Videokonferenz mit mir hatte er sich nur aus Höflichkeit eingelassen und weil er unser erstes Gespräch als angenehm empfunden hatte. Doch jetzt hatte er spürbar genug: Er wusste nicht, was er glauben sollte und wollte nichts mehr hören. Der Kunde hatte sich entschieden, überhaupt nichts zu buchen.

Wie also sollten wir kommunizieren, um unseren Kunden zu helfen und sie nicht zu verwirren. Und was bedeutet hochwertige Information auf unseren Websites? Die Unternehmensberatung Gartner hat sich der Frage angenommen und dies ist die Empfehlung:

Context is King

Gartner beschreibt in der Untersuchung „The Sense Making Seller" drei Varianten, wie Verkaufende mit Informationen umgehen:

Drei typische Verkaufsstrategien

1. **Das Angebot:** *„Dazu kann ich Ihnen noch viel mehr Informationen geben."* Diese Strategie lebt von der Überzeugung, dass viel Information besser ist als wenig. Auf Kundenanfragen reagieren Verkaufende prompt und stellen diesen alle angeforderten Informationen zur Verfügung.

2. **Erzählen:** *„Lassen Sie mich Ihnen sagen, was Sie wissen müssen."* Bei dieser Strategie liegt der Schwerpunkt auf der Erfahrung der Verkäuferin: Sie teilt ihre umfangreichen Kenntnisse und Erlebnisse.

3. **Sinn stiften (Sense Making):** *„Es gibt viele Informationen - lassen Sie mich Ihnen helfen, sie zu verstehen."* Bei dieser Strategie hat die Vereinfachung Vorrang vor umfassenden Details. Die Verkäuferin hilft dem Käufer, sich zu orientieren. Ihr Verkaufsgespräch führt sie mithilfe von Beweisen.

Warum sich Sense Making auszahlt (Gartner, 2022)

Kunden bei ihren Verkaufsentscheidungen unterstützen

Laut der Gartner-Studie erweist sich die Variante 3 als die effektivste Strategie. Dieser Sense-Making-Ansatz hilft, Vertrauen aufzubauen. Er erkennt an, dass die Kaufentscheidung aus der Sicht des Kunden schwierig ist und zeigt einen Ausweg.

Im Dialog hilft die Verkäuferin ihrem Kunden, Prioritäten zu setzen, Abwägungen zu treffen und konkurrierende Sichtweisen in einen Kontext zu stellen – oft sogar miteinander zu vereinbaren.

Tipp!

Das Sense-Making-Modell zeigt gewisse Parallelen mit professionellem Coaching auf: Sie sagen Ihrem Kunden nicht, was er glauben soll, sondern Sie helfen ihm, einen mentalen Rahmen zu entwickeln, um eigene Entscheidungen zu treffen. Diese Kompetenz können Sie bei der Auftragsanbahnung einsetzen.

Bei B2B-Entscheiderinnen wird diese Leistung geschätzt. In Befragungen gaben sie an, dass sie diese Leistung sehr wohl wahrnehmen und es als positiv werten, wenn ihnen Verkäufer in dieser Weise entgegentreten.

Kunden wünschen sich Beratung

Sie glauben mir nicht? Auch LinkedIn Business hat sich bei B2B-Entscheiderinnen umgehört. Sie wünschen sich Fachwissen und Beratung. Erkennbar wird dies in Äußerungen wie „Fachexperte", „bietet wertvolle Beratung, Schulung und Tools", „versteht", „weiß" oder „bietet wertvolle … Ausbildung".

Context is King: Natürlich wollen Einkaufende auf Ihrer Website auch Informationen zu Ihren Produkten und Leistungen sehen. Doch diese Art der Information ist selbstverständlich.

Zugleich wünschen sie sich Informationen, die ihnen helfen, langfristig tragfähige und zukunftsweisende Entscheidungen zu treffen. Blogs, Magazine oder wie immer Sie ergänzende Informationen nennen möchten, sind passende Orte, diesem Bedürfnis entgegenzukommen. Wenn Sie Ihre Website planen, denken Sie deshalb auch über diese Möglichkeit nach (Google, 2023).

Wie holen Sie Einkäuferinnen am besten ab?

Bei einem B2B-Einkaufs- und Entscheidungsprozess können 12 bis 24 Monate ins Land gehen. Zwei bis drei Monate gehen dabei auf die Rechnung von Recherche und Auswertung von Informationen (Gartner, 2022). Hier zeigt sich, wie sehr die Informationsfülle im Netz zu einer Aufgabe geworden ist.

Haben Einkäuferinnen einen Anbieter gefunden, von dem sie glauben, dass er ihre Erwartungen erfüllt, nehmen Sie Kontakt auf (Gartner, 2022). Bis zu 90 Prozent der Entscheidungsfindung sind vor dem ersten persönlichen Gespräch bereits abgeschlossen.

Die wichtigsten Aufgaben Ihrer Webseite

Die beiden wichtigsten Aufgaben Ihrer Website sind deshalb:

- Unmissverständlich deutlich machen, bei welchen Aufgaben und Fragen Sie die richtige Adresse sind.
- Vertrauen aufbauen.

Die Frage nach dem Vertrauen ist entscheidend. Man kann nicht behaupten, dass Käuferinnen ein grundsätzlich schlechtes Verhältnis zu Verkäufern hätten. Ist der Kontakt erst einmal da, verläuft der Dialog oft erfolgreich (Gartner, 2022). Doch bis es so weit ist, dauert es lange.

Tipp!

Für eine wirkungsvolle Website sollten Sie deshalb dem Aufbau von Vertrauen ein hohes Gewicht geben.

Welche Informationen stehen bei Käuferinnen besonders hoch im Kurs?

Die Berater von Gartner stellten in ihrer Studie auch diese Frage: Was sind die vier wichtigsten Faktoren, die die Bereitschaft erhöhen, mit einem Anbieter in Kontakt zu treten?

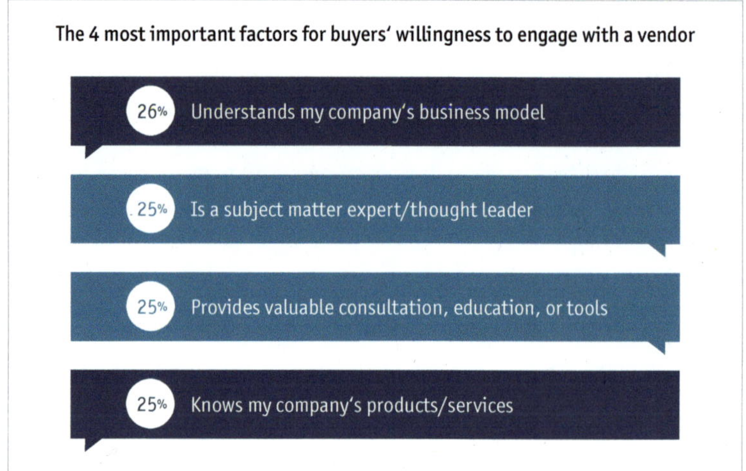

Abb.: Die vier wichtigsten Faktoren, die die Bereitschaft von Kunden erhöhen, mit einem Anbieter in Kontakt zu treten (Gartner, 2022).

Bitte bleiben Sie noch einen Moment bei der Grafik und lassen die Aussagen auf sich wirken: 26 Prozent wünschen sich, dass der Verkäufer das Geschäftsmodell der Käuferin versteht. 25 Prozent wünschen sich, dass der Verkäufer das Produkt und die Services der Käuferin kennt. Hier wird der Wunsch nach einem hohen Maß an Vertrautheit mit den Aufgaben und dem Geschäft der Käuferin deutlich!

Tipp!

In Umfragen unter Trainern und Beraterinnen über die erfolgversprechendsten Kommunikations- und Vermarktungswege kommen Websites oft nicht gut weg. Wenn Sie sich die hohen Erwartungen der B2B-Verkäufer vor Augen führen und die Aussagekraft einer durchschnittlichen Berater-Website dagegenstellen, bekommen Sie ein Gefühl dafür, wo der Haken liegt. Machen Sie es besser! Dabei will Sie dieses Buch begleiten.

Perspektiven im Marketing

Seit Jahren stöhnen große Unternehmen über die Atomisierung ihrer Zielgruppen: Jede noch so kleine Gruppierung hat eigene Wünsche und Bedürfnisse und will diese bedient sehen. Denkt man die Entwicklung weiter, landet man unweigerlich bei individuellen Informationen für einzelne Kundinnen. Ein Zukunftsszenario, das uns Sorgen machen muss? Nein. Doch der Reihe nach.

Individuelle Informationen für individuelle Kunden

Schon heute geben Entscheiderinnen in Befragungen an, dass sie sich Informationen individuell passend zu ihrem Unternehmen wünschen. Das kann jeder von uns nachvollziehen: Wer hat sich nicht schon einmal über eine Flut von Newslettern geärgert, die ihn überhaupt nicht interessierten? Wie kundenfreundlich wäre es, einer Kundin genau die Informationen zu überlassen, die sie den entscheidenden Schritt weiterbringen? In der Realität versenden wir unseren Newsletter und hoffen, dass er wenigstens bei der Hälfte der Interessentinnen auf Interesse stößt.

KI-gestützte Lösungen für Selbstständige und kleine Unternehmen

KI kann uns in dieser Sache helfen. Genau genommen existieren KI-gestützte Lösungen schon lange. Neu ist, dass inzwischen Anbieter auf den Markt kommen, die Lösungen für Selbstständige und kleine Unternehmen anbieten. Diese Lösungen sind in der Lage, Bewegungsmuster und Interessen der Besucher und Besucherinnen zu lesen und Verhaltenstipps zu geben.

Ein weiterer Vorteil kommt hinzu: Unsere Welt ist disruptiv geworden. Ein sichtbar verändertes Verhalten unserer Besucherinnen kann uns einen Hinweis darauf geben, dass wir reagieren sollten. Systeme helfen uns, Marktveränderungen schneller zu erkennen und uns anzupassen.

Wenn ich dieses Thema anspreche, reagieren die Zuhörenden oft ablehnend: noch mehr Technik? Und wie ist das mit dem Datenschutz?

Der Datenschutz gilt. Immer. Sie können und sollten mit Ihren Tool-Anbietern einen AV-Vertrag abschließen, so wie Sie es gewohnt sind. Während ich diese Zeilen schreibe, sind Experten und Expertinnen in den USA (Beispiel: Datenschutzticker.de, 2023) und in Europa (Beispiel: Europäisches Parlament, 2023) im Dialog, um KI-Technologien zu einem frühen Zeitpunkt einzusteuern. Dass uns Technologien noch einmal über den

Kopf wachsen, wie wir es mit den Social Media erleben, soll nicht noch einmal passieren.

KI-Technologien ermöglichen unseren Besucherinnen und Kunden einen enormen Komfortgewinn. Deshalb bin ich überzeugt, dass wir innerhalb der nächsten drei bis fünf Jahre zunehmend dazu übergehen werden, integrierte Systeme einzusetzen, die Website, Blog, Newsletter, Landingpages und vielleicht sogar das Customer Relationship Management (CRM) miteinander vereinen und die Daten nutzbar machen. Das habe ich mir nicht selbst ausgedacht. Lesen Sie mal, was das Zukunftsinstitut dazu zu sagen hat:

„Der Trend Technosoziale Arbeitswelt weist [...] sowohl starke Signale als auch hohe Verdichtung auf. Das bedeutet, dass der Trend Technosoziale Arbeitswelt den Wandel mit großer Wahrscheinlichkeit am stärksten prägen wird [...]

Soziale Systeme – wie beispielsweise auch Unternehmen –, die Technologie bisher nur als Werkzeug nutzen, entwickeln sich mehr und mehr zu technosozialen Systemen: Technologie und Soziales verschmelzen und bilden fortan die Definitionsgrundlage von Organisationen jeglicher Art. Dieser Trend führt in eine neue Ära der Arbeitswelt: Wir können als Menschen nur zusammenarbeiten, wenn wir der Technologie den Nimbus des Künstlichen nehmen und sie zu einem Teil unserer selbst machen." (Zukunftsinstitut, 2023)

Technologien durchdringen unser Leben und machen auch vor der kundenorientierten Kommunikation nicht halt. Man kann die Entwicklung gutheißen oder nicht. Persönlich habe ich mich für Offenheit entschieden und dafür, die Möglichkeiten sinnvoll und verantwortungsbewusst zu gestalten.

Praxis Insights

Wenn Sie sich ein Bild davon machen möchten, wie KI die Kommunikation unterstützen kann, schauen Sie doch einmal hier nach:

- Hubspot-AI als Turbo für Ihre Arbeitsweise: *https://www.hubspot.de/products/artificial-intelligence*
- GetResponse KI Kampagnen Generator: *https://www.getresponse.com/de/funktionen/ki-kampagnen-generator*

03

Marketing: Trends, Einflüsse, Lösungen

Gutes Marketing hängt vom jeweiligen Zeitgeist und den technischen Möglichkeiten ab.

In welcher Marketing-Welt leben wir heute? Angesichts der dynamischen Veränderungen und der Vielfalt der Kommunikation ist die Antwort keinesfalls trivial.

Schauen Sie einmal in die Tabelle auf der Folgeseite: Sie sehen die Aufgaben, die das Marketing in den Zeitabschnitten seit Mitte des 19. Jahrhunderts zu lösen hatte. Und Sie sehen, wie sich das Markenverständnis entlang der Aufgaben entwickelte.

Marketing im Wandel

In den 1980er-Jahren war die Qualität das entscheidende Kriterium. In den 1990er-Jahren lag der Fokus auf der Positionierung. Aufgabe des Marketings war, Botschaften zu formulieren und sie so lange zu wiederholen, bis sie sich in den Köpfen der Kunden festgesetzt hatten. Dieses Marketing-Verständnis führte zu einer gewaltigen Werbeflut. Kunden wendeten sich deshalb mehr und mehr von der Werbung ab.

Doch was können Sie als Trainer oder Beraterin stattdessen tun, um Ihre Kunden zu erreichen? Thomas Heun, Professor für Konsumenten- und Marktforschung, schreibt:

„Die stupide Penetration der immer gleichen Werbeversprechen hat an Bedeutung verloren. Statt Konsumenten von oben herab über formal standardisierte Werbeversprechen und die Anwendung psychologischer Techniken zur Markenwahl ‚überzeugen' zu wollen, gilt es heute vielmehr, Menschen ‚auf Augenhöhe' zu begegnen und sich auf Dialoge mit ‚Users' einzulassen." (Heun, 2014)

Marken müssen ihre Kunden ernst nehmen

Weiter kommentiert der Professor: In unserer Netzwerk-Gesellschaft hat sich etwas geändert. Marken müssen ihre Kunden ernst nehmen. Diese haben viele Endgeräte und entscheiden selbst, wie sie Informationen aufnehmen und ob sie sie überhaupt annehmen. Marken sind mehr und mehr auf den guten Willen ihrer Kunden angewiesen. Alles Irrelevante, Uninteressante oder Aggressiv-Persuasive hat es schwer. Emotional überhöhte

Zeit	Mitte 19. Jh. bis Anfang 20. Jh.	Anfang 20. Jh. bis Mitte 1960er	Mitte 1960er bis Mitte 1970er	Mitte 1970er bis Ende 1980er	1990er-Jahre bis ca. 2010	Seit 2010
Aufgaben/ Umwelt	Industrialisierung und Massenproduktion Qualitätsschwankungen Anonyme Ware	Wirtschaftliches Wachstum „Nachfragesog" Zahlreiche technische Innovationen Verkäufermärkte	Rezession/ Ölkrise Aufhebung der Preisbindung Käufermärkte	Gesättigte Märkte Hohe Informationsgeschwindigkeit „Information Overload"	Informationsgesellschaft Positionierungsenge Verlagerung von Einzel- zu Dachmarken	Netzwerkgesellschaft Globalisierung Konsument wird Prosument
Haltung	Qualität als entscheidendes Kriterium					Nachhaltigkeit
Markenverständnis	Marke als Eigentumszeichen und Herkunftsnachweis	Warenfokus Marke als Merkmalskatalog	Produktions- und Vertriebsmethoden prägen das Markenbild	Nachfragergewinnung Subjektive Markenbestimmung	Markenbildung als sozialpsychologisches Phänomen Vertrauen und Identität als markenprägende Eigenschaften	Community-Markenbildung

Tab.: „Entwicklung des Markenverständnis" in Anlehnung an Meffert; Burmann; Kirchgeorg: Marketing – Grundlagen marktorientierter Unternehmensführung. Bearbeitet von Schunk; Könecke: Markenstrategische Herausforderungen und Lösungsansätze für Manager in konvergierenden Medien. In: Marke und digitale Medien.

Markenversprechen laufen Gefahr, in konkreten Lebens- und Nutzungssituationen als sinn- und wertlos wahrgenommen zu werden.

Dieser Gedanke hat im Content-Marketing seine praktische Umsetzung gefunden. Und für beratungsnahe Berufe lässt sich sagen: Dieses Verständnis von Kommunikation ist angekommen. Content-Marketing ist fester Bestandteil des Beratermarketings.

Parallel dazu hat sich ein Verkaufsprozess herausgeschält, der sich aus bestimmten Stufen und Formaten zusammensetzt:

Prozess der Kundengewinnung

- **Aufmerksamkeit gewinnen** – etwa mit Social-Media-Posts
- **Vertrauen aufbauen** – mit einem Whitepaper oder Webinar
- **Erfahrung sammeln** – mit dem Kauf eines kleinen Leistungspakets
- **Mehrwert schaffen** – mit dem Kauf größerer und budgetintensiverer Leistungen

Dieser Prozess ist uns allen inzwischen vertraut und zugleich eine überzeugende Orientierungshilfe für alle, die einen robusten Prozess für die Kundengewinnung aufbauen möchten.

Welche weiteren Trends sind wichtig? Hier eine Auswahl, die wir in den vergangenen Jahren beobachten konnten und die uns auf den kommenden Seiten wieder begegnen werden:

Weitere aktuelle Marketing-Trends

- **Emotionalisierung:** Anbieter sprechen zunehmend die Emotionen ihrer Kunden an, um sie zu erreichen und zu motivieren, ihre Leistungen zu kaufen.
- **Werte:** Kunden möchten wissen, bei wem sie kaufen und wen sie somit unterstützen. Anbieter sind deshalb dazu übergegangen, nachhaltige oder soziale Projekte zu unterstützen.
- **Personalisierung:** Unternehmen nutzen Daten, um ihre Marketing-Maßnahmen an die Bedürfnisse der Zielgruppen anzupassen, die immer kleiner werden.
- **Soziale Medien:** Soziale Medien haben die Art und Weise, wie wir mit Informationen und anderen Menschen in Verbindung treten, grundlegend verändert. Sie sind für viele Menschen ein fester Bestandteil des Alltags.
- **Mobiles Marketing:** Nutzer gehen mehr und mehr per Smartphone ins Web.

04

Fokus Marketing heute

Wer sind Sie? Was bewirkt Ihre Leistung im Leben Ihrer Kunden?

Im Geiste sehe ich Sie nicken: Wenn Sie auch nur gelegentlich in den Social Media unterwegs sind, haben Sie das alles schon gesehen und erlebt. Forscherkollegen des weiter oben zitierten Heun sahen schon vor zehn Jahren solche Marken im Aufwind, denen es gelingt „geteilte Gefühle, Wertehaltungen und Lebensstile mit den Konsumenten zu schaffen" (Dänzler, 2014). „Es geht nicht um die Botschaft, sondern um die authentische und glaubwürdige Bedeutung im Leben" (Spies, 2014).

Verbundenheit schaffen

Kunden und Kundinnen wollen wissen, was sie mit dem Anbieter verbindet: Gefühle, Wertehaltungen und Lebensstile. Sie wollen gesehen werden und verstehen, was sich mit dem Angebot in ihrem Leben verändert.

Wundern Sie sich also nicht, wenn etwa Influencer bei LinkedIn ihre politische Meinung kundtun oder andere Themen aufgreifen, die auf den ersten Blick so gar nicht auf eine Business-Plattform zu gehören scheinen. Sie wollen Verbundenheit herstellen. Einen emotionalen Brückenschlag – wenn Sie so wollen.

05

Community Marketing: Alternative für die Werbung?

Haben Sie schon einmal über eine eigene Community nachgedacht? Von Chancen, Erfahrungen und Aufgaben, die dabei entstehen.

Jeden Sonntag versammelt sich ein Millionenpublikum vor dem Fernseher, um den neuesten Tatort zu verfolgen. Jeder ist für sich und dennoch ein Teil einer riesigen Gemeinschaft, die dieses wöchentliche Ritual zelebriert. Manch einer diskutiert nebenbei auf TikTok, Facebook & Co. Im Jahr 2023 sollen laut Statista 7,9 Millionen Menschen dem Charme der Ermittler erlegen sein.

Vernetzung mit Gleichgesinnten

Sind auch Sie ein Tatort-Fan? Herzlich willkommen in der Community! Der Begriff wird uneinheitlich definiert, aber in seinem Wesenskern bezeichnet er eine „Gruppe von Menschen, die sich durch gemeinsame Interessen, Werte oder Ziele verbunden fühlen" (Google Gemini).

Was macht Communitys derart unwiderstehlich – gerade heute? Ganz einfach: Sie sind eine Möglichkeit, sich mit Gleichgesinnten zu vernetzen. Zugleich sind sie Orte des Lernens, des Erfahrens und des Austauschs. Sie versprechen Zugehörigkeit und helfen Menschen, sich in einer unübersichtlichen Welt zu orientieren.

Aus meiner Sicht erlauben Sie eine Art des Austauschs, den wir heute brauchen. Sie passen in unsere Zeit. Communitys kommen in vielfältigen Formen daher:

Formen von Communitys

- **Online-Communitys:** Hier treffen sich Menschen auf Plattformen wie Social Media, in Foren oder auf Websites. Beispiele sind Facebook-Gruppen, Reddit oder Unternehmens-Social-Media-Kanäle – das Internet war und ist ein sozialer Treffpunkt.
- **Offline-Communitys:** Sie sind der analoge Zwilling. Bei Beratern und Beraterinnen beliebt sind Kongresse oder Verbandstreffen.
- **Strukturierte Communitys:** Innerhalb solcher Communitys existieren klare Regeln und Hierarchien – wie in Gewerkschaften, Berufsverbän-

den oder politischen Parteien. In der Beraterwelt kommen Preisverleihungen dem am nächsten.

- **Offene Communitys:** In offenen Communitys mag es Verhaltensregeln geben. Feste Strukturen sind schwach ausgeprägt. Spontane Hashtag-Communitys oder Initiativen gehören in diese Gruppe.

- **Regelmäßige Communitys:** Treffen sich in, na klar, regelmäßigen Abständen. Stammtische und Kaminabende sind Paradebeispiele.

- **Bei Bedarf stattfindende Communitys:** Diese treffen sich nur dann, wenn es etwas zu besprechen oder zu tun gibt. Kriseninterventionsgruppen etwa gehören in diese Kategorie.

- **Communitys für Kunden und Nichtkunden:** Kunden-Communitys richten sich an Personen, die bereits ein bestimmtes Produkt oder eine spezifische Dienstleistung nutzen. Unternehmen nutzen sie, um Kundenbeziehungen zu festigen und auszubauen. Bei Nichtkunden-Communitys steht hingegen die Absicht im Vordergrund, neue Kunden zu gewinnen. Hier geht es darum, das allgemeine Bewusstsein für ein Produkt oder eine Dienstleistung zu schärfen und potenzielle Interessenten einzubeziehen.

Größe, geografische Reichweite, Themen und Zielsetzungen können variieren – für jeden Topf gibt es den passenden Deckel.

Zu viel Struktur stört den Austausch

Während der Pandemie hatte ich selbst eine Community gegründet. Wir trafen uns online und lernten uns immer besser kennen. Zu Beginn hatte ich mich für jedes Treffen sorgfältig vorbereitet. Nach und nach habe ich davon Abstand genommen, denn mir war klar geworden: Zu viel Struktur und Kontrolle können den Dialog stören, auch wenn die Vorbereitung noch so gut gemeint ist.

Die Teilnehmenden schätzten vor allem den Austausch auf Augenhöhe. Über ein Jahr hinweg entwickelte sich eine Atmosphäre, in der offene Gespräche und kollegiale Unterstützung selbstverständlich waren. Nicht jeder konnte immer dabei sein. Bisweilen waren wir nur zu dritt oder zu viert.

Ich habe die Zeit mit meiner Community sehr gemocht. In Pandemie-Zeiten war sie eine emotionale Stütze. Doch jetzt, da sich meine Interessen verlagert haben, habe ich die Community geschlossen. Kein leichter Schritt, wenn einmal Beziehungen entstanden sind. Doch man sollte darauf achten, nicht aus Pflichtbewusstsein weiterzumachen, wenn die Zeichen auf Neuanfang stehen.

Natürlich gibt es Risiken und Nebenwirkungen:

Risiken und Nebenwirkungen von Communitys

- **Filterblasenbildung:** Eine Community rückt hinsichtlich ihrer Meinungen und Erwartungen immer näher zusammen – gerade, wenn sie eine überschaubare Größe hat. Man hört nur, was man hören will. Eine verzerrte Sicht auf die Realität kann die Folge sein.
- **Kontrollverlust:** In kleinen Communitys hat jedes Mitglied starken Einfluss und kann das Gesamtgefüge sehr stören. Als Betreiber sind Sie im Zweifel gefragt, eine Lösung zu finden.
- **Zeit- und Ressourcenaufwand:** Communitys sind wie Schützlinge – sie benötigen Ihre Pflege und Energie, und das auf Dauer.

Welche Community passt zu Ihnen? McKinsey bietet eine Community für Führungskräfte an, PwC hält eine Plattform für Start-ups bereit. Beide zeigen, wie intensiver Austausch funktionieren kann.

Welche Community passt zu mir?

- Vielleicht bauen Sie eine Community als Follow-up zu Ihren Seminaren auf. Eine interessante Sache, finde ich. Je nach Gestaltung und Reife der Community können Sie sogar ein stabiles Einkommen erzielen. Auf jeden Fall entwickeln Sie eine enge und stabile Beziehung zu Ihren Kunden und erfahren aus erster Hand, was diese bewegt. Ein unschätzbarer Vorteil für Ihre Kommunikation!
- Gerade, wenn Sie Online-Kurse anbieten, steht die Community am Anfang des Kundengewinnungsprozesses: Typischerweise sind Sie in den Social Media aktiv, um diese Community aufzubauen. Mithilfe von Veranstaltungen und anderen Angeboten geben Sie Einblick in Ihre Arbeit und versuchen zugleich, Abonnenten für Ihren Newsletter zu gewinnen. Von den Abonnenten nehmen Sie an, dass sie ein mehr als allgemeines Interessen an Ihrer Arbeit haben. Der Newsletter wird in diesem Konzept zum eigentlichen Instrument des Verkaufs: Mit seiner Hilfe bauen Sie die Beziehung aus und bewerben Ihr Angebot.

Zwischenmenschliche Interaktion als Gegenpol zu KI

Die Initiative „The Future Project" sieht in der persönlichen Begegnung ein wichtiges Korrektiv zu unserer zunehmend KI-gesteuerten Umwelt: Was wir lesen, sehen und hören, wird sprachlich immer einheitlicher. Die Initiatoren schreiben: Indem die KI „das bereits bestehende Gerede ausweiten und dabei den kleinsten gemeinsamen Nenner unseres Denkens reproduzieren, fördern sie eine allgemeine Standard-Durchschnittlichkeit". Und weiter: „Der große Gegentrend zum aktuellen Siegeszug der KI ist die Aufwertung der zwischenmenschlichen Interaktion." Denn dort, in der persönlichen Interaktion, ist Raum für „Deep Talking", sprachliche Kreativität, Imagination, Empathie, Wertebewusstsein, Emotionen, Intuition, Mitgefühl (The Future Project, 2024).

Wenn das kein Aufruf ist!

Chat-Gruppen, Facebook-Gruppen, Events, Hashtag-Communitys, Selbsthilfegruppen, Produktforen, Kundenclubs, Bildungsgruppen – das Angebot ist riesig. Finden Sie Ihre Runde, digital oder analog, und lassen Sie sich nicht aus der Ruhe bringen, wenn Ihre Community Zeit zum Warmwerden benötigt. Das ist Teil des Spiels.

06

Social Media im Trainermarketing – muss das sein?

Warum es sich am Ende doch noch auszahlt, sich mit Social Media auseinanderzusetzen.

Social Media kann man lieben oder hassen. In den vergangenen Jahren wurde der Ton dort rau, sodass sich einige meiner Kolleginnen entschlossen haben, die Segel zu streichen. Die eine oder andere kam dann doch wieder zurück. Wenn die Weisheit stimmt, dass man dort sein sollte, wo die Kunden sind, dann führt eben kein Weg an Social Media vorbei.

In den Abbildungen auf dieser und der folgenden Seite finden Sie einige Zahlen über die Nutzung der Social Media von Meltwater. Meltwater ist ein Anbieter von Medien- und Social-Media-Monitoring-Software.

Social-Media-Nutzung in Zahlen

Im Januar 2024 haben satte 67,8 Millionen Menschen in Deutschland Social Media besucht oder verwendet. Im Vergleich zu den Vorjahren ist die Nutzung sozialer Medien weltweit und auch in Deutschland weiterhin hoch.

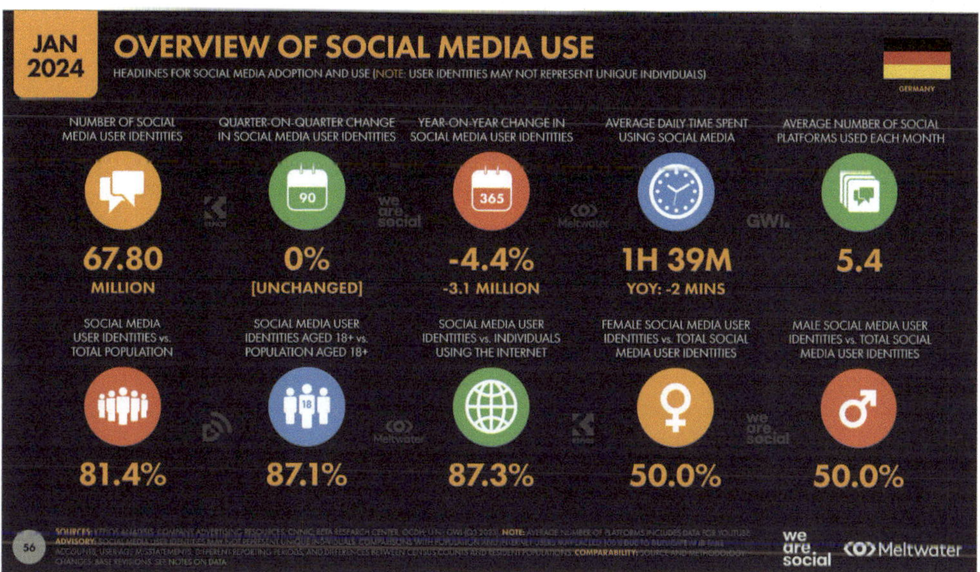

Abb.: Social-Media-Nutzung in Deutschland in 2023 (Quelle: Meltwater Global Digital Report 2024).

Im Januar 2024 waren 81,4 Prozent der deutschen Internetnutzer und -nutzerinnen auf mindestens einer Social-Media-Plattform aktiv – unabhängig vom Alter. Die durchschnittliche Gesamtnutzungszeit betrug dabei täglich eine Stunde und 39 Minuten.

Warum nutzen die Menschen in Deutschland soziale Medien?

- 48,2 Prozent wollen mit Freunden und Familie in Kontakt bleiben.
- 39,2 Prozent lesen Nachrichtenberichte.
- 35,7 Prozent verbringen dort ihre Freizeit.
- 28,7 Prozent suchen nach Content wie Videos.
- 27,4 Prozent suchen Inspiration für Dinge, die sie tun oder kaufen könnten.
- 20,5 Prozent suchen nach Produkten, die sie kaufen können.

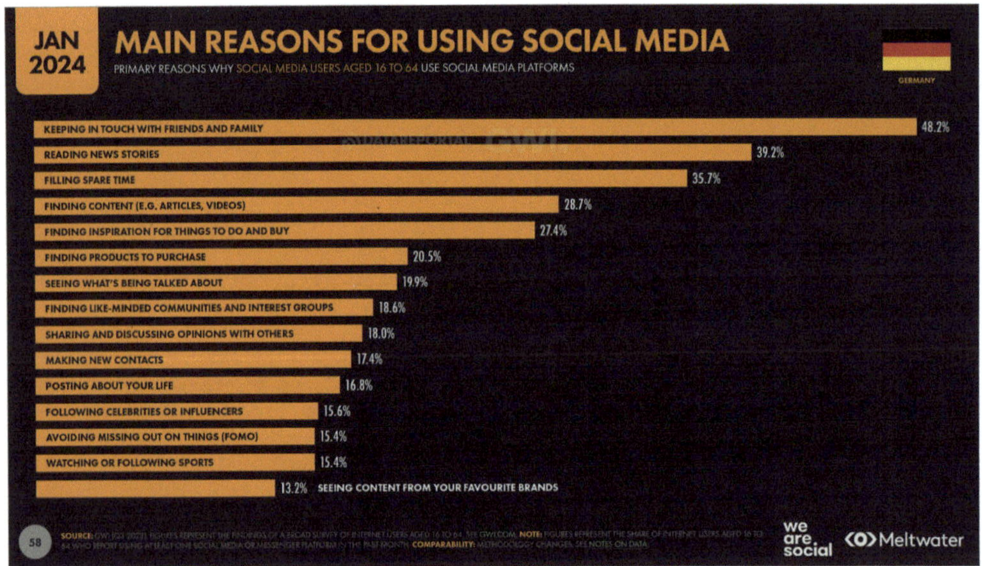

Abb.: Hauptgründe für die Nutzung von Social Media in Deutschland in 2023 (Quelle: Meltwater Global Digital Report 2024).

Die Zahlen schließen die private wie auch die berufliche Nutzung ein. Auch wenn nur rund 20 Prozent direkt nach Lösungen und Leistungen suchen, sind die Zahlen beeindruckend.

Tipp!

Social Media sind fester Bestandteil der Kommunikation. Je jünger Ihr Publikum, desto mehr müssen Sie damit rechnen, dass es die sozialen Plattformen nutzt, auch zur Produkt- und Angebotsrecherche.

Social Media sind ständig im Wandel

Seien Sie also präsent. Aber setzen Sie nicht alles auf eine Karte. In den vergangenen Jahren haben wir bereits mehrfach gesehen, wie Plattformen kamen und gingen oder ihre Ausrichtung änderten. Denken Sie an Twitter, XING oder Google+.

Auch Social-Media-Profis ergänzen ihre Social-Media-Aktivitäten um Pressearbeit, Auftritte, Bücher und Newsletter. Auf einem Bein steht es sich nicht gut – schon gar nicht in einer Welt, die so in Bewegung ist wie die gegenwärtige.

Abschnitt 2

Was Ihre Kunden wirklich suchen

Personalentscheider sind vielen von Ihnen die wichtigsten Kunden. Hier kommen sie selbst zu Wort und sagen Ihnen auf den Punkt, worauf es ihnen ankommt. In diesem Abschnitt dreht sich alles um die Fragen von Personalentscheidern:

- Was Personalentscheider wissen müssen, um sich für Sie und Ihr Angebot entscheiden zu können
- Was sie wenig oder gar nicht interessiert
- Weshalb die Sicherheit für Ihre Kunden eine überragende Bedeutung hat
- Und als Extra: Wie Sie ein überzeugendes Trainerprofil aufbauen

07 Das Profil als Türöffner 31
08 Ein Profil lässt mehr Freiheiten als gedacht 34
09 Ihr Kunde hat einen eigenen Traum 36
10 Personalentscheider im Interview 39
11 So kommen Sie zu einem wirklich guten Profil 44
12 Sicherheit – das wertvollste Geschenk an Ihren Kunden 48

07

Das Profil als Türöffner

Warum Kunden sich für bestimmte Trainer oder Beraterinnen entscheiden ... und bleiben.

Beispiel

Klaus ist Personalverantwortlicher in einem mittelständischen Reiseunternehmen. Am Vormittag hatte er einen Termin bei der Geschäftsführung, weil die Umsätze im Keller sind. Die Geschäftsführung hat den schlechten Kundenservice und die fehlende Motivation der Mitarbeitenden als Ursache ausgemacht. Klaus hat den Auftrag bekommen, einen Trainer zu finden, der das Unternehmen aus der Misere führt. Es war kein schöner Termin. Das Gespräch steckt Klaus noch in den Knochen. Lustlos geht er seine Trainer-Watchlist durch.

Generalist oder Spezialist: Wer bekommt den Auftrag?

Als Erste fällt ihm Franziska auf. Sie ist seit zwölf Jahren Fach- und Führungskräftetrainerin in KMU. Ihre Schwerpunkte sind Organisationsentwicklung, Sprachen/Interkulturelles Training, Persönlichkeitsentwicklung, Präsentieren, Moderieren, Mitarbeiterführung, Qualität und Service, Verkauf/Marketing/PR, Unternehmensführung, Teambildung und Teamführung, Coaching und Konfliktmanagement. Franziskas Foto sieht nett aus, aber Klaus ist ratlos. Ob sie die Richtige ist?

Er geht zum nächsten Eintrag über und trifft auf Jette. Jette hat sich auf den Service in der Reisebranche spezialisiert. Zu Beginn ihrer Laufbahn hat sie bei einem großen Reiseveranstalter gearbeitet. Als bei ihrem Arbeitgeber Veränderungen im Service notwendig wurden, hat sie das Change-Konzept mitentwickelt und später ihre Kollegen trainiert. Dies war der Beginn ihrer Trainerkarriere. Klaus entscheidet sich, Kontakt zu Jette aufzunehmen.

Klaus Entscheidung verwundert wenig – so ist die Geschichte gestrickt. Was aber gewinnt Klaus, wenn er Jette den Vorzug gibt?

- Jette kennt die Kultur in der Reisebranche.
- Aller Voraussicht nach wird sie den rechten Tonfall treffen und gut mit Klaus' Kollegen zurechtkommen.
- Ihr Change-Konzept ist erprobt.

- Klaus kann der Geschäftsführung und der Kollegin im Controlling erklären, weshalb seine Wahl auf sie gefallen ist.

Jette gibt Klaus das Gefühl von Sicherheit. Für dieses Plus an Sicherheit sind viele Kunden bereit, tiefer in die Tasche zu greifen. Franziskas Angebot lässt Klaus unsicher zurück: Wie so viele Trainer und Beraterinnen hat sie den Schirm weit aufgespannt, um sich viele Chancen offenzuhalten. Jedoch geht ihr Angebot am Bedarf vorbei. In den Kategorien, die Klaus wichtig sind, fällt sie durch und zwar in jeder. Übrigens: Die beeindruckende Aufzählung an Leistungen in Franziskas Mappe ist nicht erdacht, sondern bei einem Trainer aus einer Trainerdatenbank abgeschrieben.

Zwei Jahre später ist die Krise überwunden. Es sind sogar junge Führungskräfte eingestellt worden, die nun ihr erstes Führungstraining bekommen sollen. Ist jetzt Franziskas Stunde gekommen? Auch dieses Mal findet Klaus keinen Grund, sich für sie zu entscheiden.

Jette hingegen ist inzwischen im Haus bekannt und hat sich einen guten Namen erarbeitet. Die Zusammenarbeit war erfolgreich. Da liegt es nahe, zuerst bei ihr anzufragen, ob sie nicht ein Führungskräftetraining anbieten will. Die Recherche und die Auswahl von neuen Trainern ist einfach zu mühsam.

Vorsicht Bauchladen!

Auch den zweiten Teil der Geschichte kennen viele Trainerinnen und Berater aus eigenem Erleben: Ist das erste Projekt erfolgreich verlaufen, fragen Kunden Leistungen an, die abseits der Kernleistung des Trainers oder der Beraterin liegen. So entsteht der berühmt-berüchtigte Bauchladen. Ein Anschlussauftrag ist eine großartige Sache: Trainer und Kunde kennen sich, man vertraut sich und nicht selten sprechen wirtschaftliche Gründe dafür, den Auftrag anzunehmen.

Trainerinnen und Berater begeben sich jedoch auf eine riskante Reise, wenn sie ihr Angebot entlang zufälliger Kundenwünsche entwickeln. Auf lange Sicht geraten sie von der Jette- in die Franziska-Position. Nach Jahren haben sie viel Erfahrung gesammelt, aber kein Profil. Sie gewinnen ihre Kunden auf Empfehlung, und zwar ausschließlich, denn ihr Profil spricht nicht für sie. Das kann gut gehen. Die Praxis zeigt jedoch, dass viele Trainerinnen und Berater in eine Sackgasse geraten.

Es gehören Disziplin und Weitsicht dazu, Aufträge abzulehnen, die wie reife Früchte in den Schoß fallen, nur weil sie vom Profil abweichen. Wenn außerdem das Bankkonto ruft, ist es fast unmöglich, „Nein“ zu sagen. Die Entscheidung muss jede und jeder selbst treffen – natürlich. Doch wenn sich Trainerinnen und Berater für Aufträge abseits ihres Kerngeschäfts entscheiden, sollten sie zumindest nicht öffentlich über alles reden. In der Kommunikation, insbesondere auf der Website, sollte ein Profil stets erkennbar sein.

Tipp!

Bitte prüfen Sie: Wer für alles offen ist, wirkt beliebig – und bekommt am Ende gar nichts. Denn der Kunde findet keinen guten Grund, sich positiv für sie oder ihn zu entscheiden. Wofür stehen Sie? Wie viel Profil sind Sie bereit, zu zeigen?

08

Ein Profil lässt mehr Freiheiten als gedacht

Haben Sie Mut, zu fokussieren. Und gelangen Sie in den „Bauch der Venus".

Neben dem Wunsch, sich die Auftragschancen zu bewahren, gibt es noch einen zweiten Grund, weshalb sich Trainerinnen und Berater ungern auf ein Profil festlegen: Sie befürchten, dass sie für den Rest ihres Lebens ein- und dieselbe Leistung erbringen müssen. Viele haben sich vom Angestelltendasein verabschiedet, weil sie der Routine entkommen wollten. Sie wollten sich auf unterschiedliche Menschen, abwechslungsreiche sowie fordernde Aufgaben einlassen und sich persönlich weiterentwickeln. Und dann kommen Marketing-Berater daher und wollen sie auf ein Profil festnageln. Erneut gähnen sie Langeweile und Gewohnheit an. Muss das wirklich sein?

Ein Profil hilft der Kundin, die Lösung für ihr Problem zu entdecken

Tatsächlich hat das Profil eine einzige Funktion: Ihre künftige Kundin sucht nach einer Lösung für ein Problem oder sie hat eine Aufgabe. Sie hat sich gedanklich fokussiert. Ihre Wahrnehmung ist verengt.

Bestimmt kennen Sie das aus eigenem Erleben: Bauherren sehen plötzlich Baumärkte und Fliesenfachgeschäfte, an denen sie jahrelang vorbeigegangen sind. Frauen, die sich Kinder wünschen, sehen überall Schwangere und junge Mütter. Oder viel einfacher: Wenn Sie mittags richtig Hunger haben, interessiert Sie das Einrichtungshaus wenig. Aber die Bude mit den leckeren Suppen, die so gut riechen, übersehen Sie auf keinen Fall.

Auch Ihre künftige Kundin hat ihre Aufmerksamkeit verengt. Ihr Profil hilft Ihnen dabei, durch den kleinen Schlitz zu kommen, der bei ihr offen geblieben ist. Wenn Sie erst einmal im Gespräch sind, weitet sich das Feld. Wie oft passiert es, dass Ihre Kundin für ihr Problem eine vorläufige Analyse vornimmt und bereits in Lösungen denkt – die Probleme aber anderswo liegen. Schon stehen Sie vor Aufgaben, von denen zuvor keine Rede war. Sie sind im „Bauch der Venus", wie die folgende Grafik zeigt:

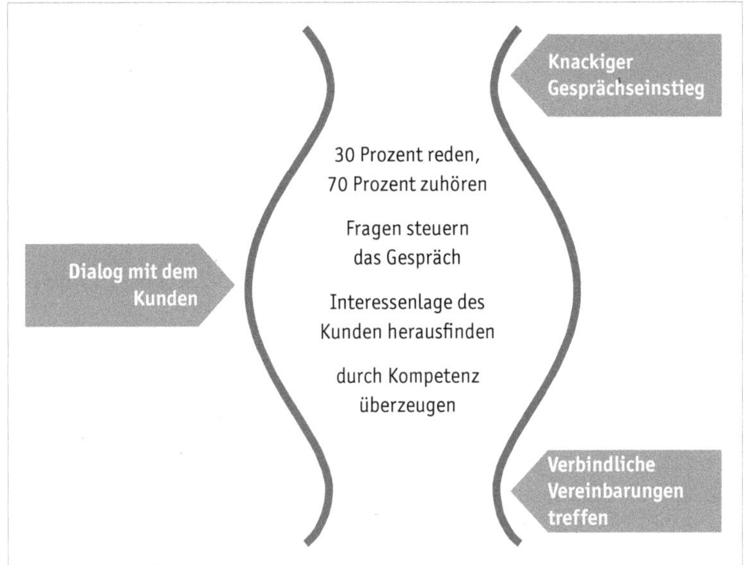

Abb.: „Der Bauch der Venus" (Quelle: Der Trainerlotse).

Tipp!

Bitte überlegen Sie:

- Mit welchen Worten sind Ihre Kunden auf Sie zugekommen? Was haben sie wörtlich gesagt? Worauf kam es ihnen an?
- Wenn Sie die Frage im Moment nicht beantworten können, machen Sie sich bitte zukünftig Notizen. Ihre Kunden sagen Ihnen, was sie haben wollen.
- Verwenden Sie Ihre Notizen für Ihre Kommunikation, auch für Ihre Website.

09

Ihr Kunde hat einen eigenen Traum

Von Verkaufsargumenten und dem, was beim Kunden ankommt.

Viele Trainerinnen und Berater wollen sich sehr wohl ein Profil geben. An ihren Vorstellungen und Erfahrungen entlang entwickeln sie ihr Profil. Doch Vorsicht, wenn eigene Sichtweisen zu Verkaufsargumenten werden sollen: Kunden und Kundinnen haben einen ganz anderen Blick auf die Dinge.

Damit Ihre Verkaufsargumente nicht ins Leere zielen, sollten Sie die folgenden Punkte vermeiden bzw. beachten:

Selbstverständliches betonen

Nehmen wir als Beispiel den Fokus auf den Erfolg des Kunden oder die sorgfältige Bedarfsanalyse als Vorbereitung zum Angebot. Es ist schon wahr, dass in der Praxis nicht alles rosig läuft. Aber mit wem vergleichen Sie sich? Der Kundenerfolg wie auch eine gründliche Bedarfsanalyse sind für Profis selbstverständlich – Punkt.

Mit Selbstverständlichkeiten wie diesen gewinnen Sie kein Profil, schlimmer noch: Sie können ein merkwürdiges Licht auf sie werfen. Manche Leute betonen gar, was sie am wenigsten können: Mir fällt ein Netzwerk ein, in dem ich einmal Mitglied war: Ständig wurden wir angehalten, uns professionell zu geben, professionell anzuziehen und professionell zu verhalten. Was waren wir professionell! Den Hinweis hatten wir nötig: Wir waren alle Existenzgründer.

Tipp!

Achten Sie darauf, dass Sie mit Botschaften zwischen den Zeilen nicht das Gegenteil von dem erreichen, was Sie eigentlich wollen.

Treffen Sie den richtigen Tonfall

Eine Kundin von mir hat sich auf Projekte in Konzernen spezialisiert. Jeden zweiten Monat versendet sie einen Newsletter. Wenn ich Ihre Textentwürfe lese, wird mir schwindlig: Was für Ansprüche an Führungskräfte formuliert sie da? Doch sie hat Erfolg: Für ihre Newsletter bekommt sie gutes Feedback und gewinnt Kunden.

„Der Köder muss dem Fisch schmecken"

Sie trifft den richtigen Tonfall, das ist ihr Erfolgsgeheimnis. Die Führungskräfte, die sie erreichen will, streben Höchstleistungen an und wollen sich als Leader profilieren. Meine Sache ist das nicht, aber der Köder muss dem Fisch schmecken. Sie kennen das.

Ein anderes Beispiel für die Frage nach dem richtigen Tonfall ist die Achtsamkeit.

Ist Achtsamkeit ein gutes Argument?

Ich denke zurück an mein erstes BWL-Semester. Ein Mathe-Professor begrüßte uns mit den Worten: „Schauen Sie sich Ihre Nachbarn zur Rechten und zur Linken noch einmal genau an. Am Ende des Grundstudiums wird einer von beiden nicht mehr da sein." Die Ansage konnten wir keinesfalls missverstehen: Der Notenschnitt in den Klausuren wurde so gesetzt, dass ein Drittel der Studierenden das Studium aufgeben mussten. Und das war noch nicht alles. Nach dem Examen haben wir uns auf Jobs beworben, die „Flexibilität und Belastbarkeit" forderten. Leistungswille und -fähigkeit wurden zum Teil unserer Identität.

Inzwischen sind mehr als 20 Jahre vergangen. Die gesellschaftliche Diskussion ist weitergegangen, das Bewusstsein hat sich verändert. In vielen Unternehmen gewinnt das Verständnis dafür Raum, dass auch die mentale Belastbarkeit von Mitarbeitenden geschützt werden muss. Wie möchten Sie Ihre Kommunikation mit Blick auf die Achtsamkeit gestalten: Betonen Sie die Verwundbarkeit der Mitarbeitenden oder die Aussicht auf zurückgewonnene Kraft und Frische?

Ich tendiere zu Letzterem, besonders bei Führungskräften, die meist noch immer einen positiven Zugang zur Leistungsfähigkeit haben und etwas gestalten möchten.

Eine pauschale Empfehlung scheue ich allerdings. Vielleicht arbeiten Sie für Menschen, die schwere Krisen hinter sich gebracht haben. Dann sieht die Welt anders aus.

Tipp!

Machen Sie sich bitte die Kultur des Umfelds bewusst, in dem Sie arbeiten und passen Sie den Tonfall an. In einem Finanzinstitut geht es anders zu als in einer sozialen Einrichtung. Wenn Ihr Ton und das Selbstbild Ihres Kunden aneinander vorbeigehen, kommt die bestgemeinte Botschaft nicht an.

Ihr Kunde träumt einen anderen Traum

Was braucht Ihr Kunde, wovor hat er Angst?

In den Manuskripten Ihrer Kollegen und Kolleginnen ist viel vom fairen Miteinander die Rede, von Konfliktstärke und Konfliktlösungskompetenz. Von Wohlwollen und Rücksichtnahme. Von Gesundheit und persönlicher Entfaltung. Doch träumt Ihr Kunde wirklich von der persönlichen Entfaltung seiner Mitarbeitenden – oder ist es die fachliche Exzellenz, die Marktführerschaft oder ganz profan: das Überleben des Unternehmens in den nächsten zwei Jahren?

Tipp!

Schlüpfen Sie in die Schuhe Ihres Kunden und nehmen Sie seine Sicht ein: Mit welchen Augen sieht er die Welt? Was braucht er? Wovor hat er Angst?

Wenn Sie mit Ihrer Arbeit die Welt ein Stück verbessern wollen, spricht nichts dagegen. Im Gegenteil. Doch achten Sie darauf, dass Sie das richtige Stichwort finden, das die Aufmerksamkeit Ihres Kunden weckt – damit Sie überhaupt eine Chance auf ein erstes Gespräch bekommen.

10

Personalentscheider im Interview

Was Personaler wirklich brauchen und wo herkömmliche Selbstdarstellungen von Trainern und Beraterinnen ihr Leben unnötig schwermachen.

In einem Buch über aussagekräftige Websites lag es nahe, direkt bei Personalentscheidern nachzufragen, was sie von Trainern und Beraterinnen wissen müssen und wollen.

In meinem Netzwerk gibt es jemanden, der mit Personalentscheidern auf Du und Du ist. Es ist Angelika Eder, der Trainerlotse. Ihr Spezialgebiet ist die Telefon-Akquise. Sie war so freundlich und hat für mich nachgefragt. Es war leicht, die Personalleute für die Interviews zu gewinnen. Die Selbstdarstellung der Trainerinnen und Berater macht ihnen das Leben wirklich schwer.

Ein Wort noch vorweg: In den Interviews ist von Trainerprofilen die Rede. Die Interviews sind dennoch aussagekräftig für Trainer- und Berater-Websites, weil Personalleute die Website oft dem klassischen Trainerprofil vorziehen.

Klarheit im Profil bedeutet Klarheit auf der Webseite

Interview 1

„Ein Profil überzeugt – oder eben nicht. Da müssen gewisse Dinge drinstehen, an denen ich hängen bleibe. Welche das sind, hangt immer vom Bedarf ab, den ich gerade habe. Wenn zum Beispiel jemand bisher nur mit Handwerkern zu tun hatte und wir so jemanden gerade brauchen, dann ist das genau die Information, die ich suche. Mit Handwerkern zu arbeiten, ist etwas anderes als mit Managern.

Mit der Länge des Profils ist es wie mit Bewerbungsunterlagen: je länger, desto mehr Aufmerksamkeit ist nötig. Wenn ich erst zwei oder drei Seiten lesen muss, bis ich die Information finde, die ich gerade suche, dann passiert es schneller, dass ich das Profil wieder weglege, als wenn ich die gerade wichtige Information gleich vor Augen habe.

Also ich komme mit Hard Facts gut zurecht – kurze, stichwortartige Aussagen, auf den Punkt."

(Eine Mitarbeiterin im Personalbereich in der Automobilbranche)

Interview 2

„Oft sind Trainerprofile recht 08/15. Sie enthalten zwar viel Information, aber kein klares Profil und ein Schwerpunkt ist nicht zu erkennen. In einem guten Trainerprofil bekomme ich eine Idee von dem Typen und von der Persönlichkeit. Ich bekomme ein Gefühl: Passt der oder die zu uns als Person?

Augenmerk auf Ausrichtung und Erfahrung

Und wie sieht es mit der Kultur und seiner Ausrichtung aus? Zum Beispiel will ich wissen: Ist der Typ ein Antreiber, zackig, ein Durchzieher. Oder eher ein Teambuilder, der sich auf das Emotionale im Team oder die Befindlichkeiten im Team fokussiert? Ist er eher in KMU oder in Konzernen unterwegs.

Hat er mehr mit Banken und Versicherungsleuten gearbeitet, in der IT, oder … all so was. Das muss ich wissen, um entscheiden zu können, ob er zu der jeweiligen Aufgabe passt bzw. ob ich ihn oder sie näher kennenlernen will.

Inhaltlich will ich keinen Bauchladen, zum Beispiel mehr als den Begriff Train-the-Trainer. Hier müsste ich schon genauer wissen, was der eigentliche USP des Trainings ist. Was macht den Trainer besonders?

Und schließlich kann ich an die Trainer und Beraterinnen nur appellieren, ihr Profil vom Leser her zu denken: Wer liest das? Es sind ja meistens Personaler, Abteilungsleiter oder Ähnliches. Wie viel Zeit haben die? Wenig! Man sagt ja, man hätte 5 Sekunden für den ersten Eindruck. Wenn dieser erste Eindruck stimmt, hat man wohl noch mal so 30-45 Sekunden, um den Entscheider zu überzeugen, einen einzuladen oder eben nicht. In dieser Zeit müssen die drei bis maximal fünf Kernbotschaften klar und merkbar rübergekommen sein.“

(Oliver Schulz-Oster, Gründer Unternehmensberatung für Talentmanagement und Vergütung)

Interview 3

„Im Wesentlichen geht es mir bei einem Trainerprofil um folgende Punkte:
- *Wie sieht der Trainer oder die Beraterin aus?*
- *Welche Kenntnisse hat er?*
- *Was hat er in der Praxis schon gemacht?*
- *Kann ich das irgendwo nachprüfen?*

Erster Eindruck und Referenzen

Ganz wichtig ist für mich ein gutes und sympathisches Bild. Dann konzentrierte Substanz in Bezug auf die oben genannten Fragen: Wie lange unterrichtet die Trainerin oder der Berater schon? Wie viel Praxiserfahrung bringt er mit? Eventuell auch eine Kurzvita zum Thema: Was ist sein beruflicher Background, wo kommt er her? Wichtig sind mir auch Referenzkunden, sofern er sie nennen kann. Das ist eine vertrauensbildende Maßnahme. Wenn der Trainer oder die Beraterin jedoch speziell in der Krisenintervention arbeitet, dann geht das natürlich nicht. Dafür habe ich Verständnis, aber ansonsten erachte ich Referenzen als wichtig.

Worauf Sie verzichten können

Ebenso wichtig ist mir dann auch eine schnell auffindbare Kontaktmöglichkeit! ... Verzichten kann ich auf philosophische Sprüche. Die sind meistens deplatziert und tausendmal gelesen. Ein Foto à la ‚Ha! Ich bin superdynamisch!', darauf kann ich auch verzichten, das hat eher den gegenteiligen Effekt, da es oft sehr gestellt wirkt. Ebenso verzichten kann ich auf endlose Selbstvorstellungs-Monologe. ... Ich wünsche mir ein Trainerprofil in attraktiver Kürze.

Zusammengefasst ist für mich wichtig:

- *Was ist der Hintergrund des Trainers oder der Beraterin? Dazu gehört auch so etwas wie sein Lehrstil.*
- *Das, was ich in seinem Profil lese, sollte mit seinem CV in Einklang stehen.*
- *Dann ist es für mich wichtig, dass ich von einer Trainerin oder einem Berater schnell alles Wichtige erfahre und*
- *schnell in Kontakt gehen kann. Gute Kontaktdaten sind wichtig: eine Telefonnummer, wenn nicht das Handy, dann aber eine Büronummer oder eine E-Mail-Adresse. E-Mail ist für mich das Üblichste.*
- *Last, but not least ist mir eine schnelle Reaktion wichtig. Sie sollte unter 24 Stunden sein. Meistens starte ich eine Anfrage an mehrere Trainer und Beraterinnen. Der, der sich als Erster zurückmeldet und am Ball bleibt, hat die Nase vorne.*
- *Ach ja, und dann schätze ich noch so etwas wie Dienstleisterqualitäten: Ich mag es, wenn sich der Trainer auf meine Anfrage schnell meldet, das Feintuning mit mir bespricht und dann sagt: ‚Gut, ich schicke Ihnen gleich das Angebot und melde mich dann morgen wieder.' Das darf er tun. Er ist selbstständig und muss den Auftrag haben wollen. Damit komme ich gut zurecht und begrüße es sogar, da es mir schnelle Entscheidungswege ermöglicht.*
- *Kurzum: Ein gutes Trainerprofil macht es möglich, schnell das Relevante zu erfassen und sofort Kontakt aufzunehmen."*

(Ulf Stübe, Manager Training, Windenergiebranche)

Interview 4

„Mich interessieren bei einem Trainerprofil vor allem die Grundausbildung und der fachlich/inhaltliche Schwerpunkt einer Beraterin oder eines Trainers. Mit Grundausbildung meine ich Schulbildung, die akademische Ausbildung (sofern er eine hat) und welche Ausbildung er als Trainer genossen hat. Beim Schwerpunkt will ich eine erste Auswahl treffen können: Ich zum Beispiel bin kein Freund von gewissen Denkrichtungen bzw. manipulativen Techniken und sortiere diese daher gleich mal vorweg aus.

Vorerfahrungen und thematische Schwerpunkte

Außerdem will ich wissen, welche berufliche Laufbahn er vor seinem Trainerleben durchlaufen hat. Damit kann ich überprüfen, ob er mit seinen Beispielen an meinen Teilnehmern andocken kann. Daneben ist auch noch gut zu wissen, in welchen Branchen er unterwegs ist. Referenzkunden (wenn er sie nennen kann) oder Referenzprojekte lese ich auch gerne. Der Trainingsschwerpunkt ist mir aber das Wichtigste! Wenn jemand einen Bauchladen hat und alles kann, von Vertriebstraining über Zeitmanagement bis Führungskräfteentwicklung, bin ich von vornherein skeptisch. Ich wünsche mir, dass ich erkennen kann, an welchem Schwerpunkt der Trainer seit Längerem zielgerichtet gearbeitet hat. Schließlich ist ein gutes Profil der Türöffner für das persönliche Gespräch und die Stunde will ich mir nur nehmen, wenn das Profil nahelegt, dass sich das lohnt.

Von der Länge her sind für mich ein bis zwei Seiten das Beste, die Informationen kurz und knapp, außerdem sollte alles marketingmäßig klug verpackt sein. Das heißt, entweder sind die Schwerpunkte schnell und einfach im Text erkennbar beschrieben oder gut visualisiert. Ich weiß, das ist eine hohe Kunst, aber von einem guten Trainer kann ich erwarten, dass er in der Lage ist, seine Fähigkeiten und Kenntnisse präzise zu verdichten.

Abgerundet wird ein Trainerprofil für mich persönlich von einem ansprechenden, sympathischen Foto. Keine selbstdarstellerischen Posen, sondern einfach ein freundliches, offenes Porträtfoto … gibt mir immer noch gute Ansatzpunkte für meine ersten Entscheidungen: Kennenlernen oder nicht!?

Letztlich entscheidet natürlich das persönliche Gespräch über Kooperationsmöglichkeiten.

Das Format ist meines Erachtens am besten ganz simpel, es gibt drei Punkte:

- *Die Ausbildung*
- *Die Berufserfahrung*
- *Der Trainingsschwerpunkt*

Klingt jetzt eigentlich ganz einfach, aber die wenigsten Trainerinnen und Berater kriegen das richtig gut hin. Ich kenne das aus eigener Erfahrung ja auch und weiß, dass es manchmal besser ist, wenn man da noch mal jemand anderen draufschauen lässt, der von außen oft besser beurteilen kann, was wirklich wichtig ist."

(Birgit Eder, Manager Human Resources, Printing & IT-Solutions)

11

So kommen Sie zu einem wirklich guten Profil

Lernen Sie fünf bewährte Richtlinien für ein attraktives Profil kennen.

Mit einem Profil und einer guten Website haben Sie bereits die Basisausstattung für Ihr Marketing und können auf Kundenfang gehen. Weil wir gerade so schön dabei sind und weil sich Profil und Website so gut ergänzen, gibt es hier ein Extra: Fünf bewährte Richtlinien für ein attraktives Profil von Angelika Eder. Getestet im persönlichen Gespräch.

Gastbeitrag von Angelika Eder

Was Personalentscheider sehen und lesen wollen

Ein Profil ist wie eine Währung

Mit einem perfekten Profil haben Sie die Nase bei der Auftragsvergabe vorn. Ein Profil ist so etwas wie die Währung im Bildungsmarkt. In den Vertriebsberatungen fragen mich meine Kunden nach einem Strickmuster für ein wirklich gutes Profil. Als Trainerlotse sehe ich viele davon. Bei aller gebotenen Individualität gibt es fünf bewährte Richtlinien.

Bevor ich auf diese eingehe, eine Grundregel vorab: Ein gutes Profil hat nur sehr bedingt etwas mit dem klassischen CV (Curriculum Vitae/Lebenslauf) zu tun. Das hat Vor- und Nachteile: Einerseits haben Sie wesentlich mehr künstlerische Freiheit in der Gestaltung – damit aber eben auch die Qual der Wahl in einem nicht formalisierten Rahmen.

1. Ein gutes Foto ist das ausschlaggebende Element

In vielen Gesprächen mit Personalentscheidern habe ich das überprüft. Ich habe ihnen Mappen von verschiedenen Beraterinnen und Trainern vorgelegt und sie um eine erste Einschätzung gebeten: Wer könnte der oder die Richtige für sie sein? Die Antworten waren verblüffend einhellig: Unabhängig vom Thema und unabhängig von den Skills der Personen, blieben die Personaler an den Profilen mit den ausdrucksstärkeren Fotos hängen. Es war einerlei, was im Text daneben stand – wohlgemerkt!

Obwohl – so überraschend ist das auch wieder nicht. Jeder, der in den sozialen Medien unterwegs ist, weiß um den Wert eines guten Fotos.

Das Foto ist das wichtigste Element Ihres Profils! Sparen Sie bitte nicht daran.

2. Fügen Sie Ihre Kontaktdaten an gut sichtbarer Stelle ein

„Logisch", sagen Sie. „Das ist doch banal." Aber denkste: Sie glauben nicht, wie häufig mir Profile in die Hände fallen, in denen die Kontaktdaten vollständig fehlen. Ihrem Auftrag hilft es ungemein auf die Beine, wenn Ihr Kunde nicht lange nach Ihrer Adresse suchen muss. Spezialisten wollen mithilfe von Eyetracking-Kameras herausgefunden haben, dass ein DIN-A4-Text vom Leser in der Form eines Z gescannt wird. Ihre Kontaktdaten sind deshalb an den Querbalken eines Z gut aufgehoben: links oder rechts, oben oder unten – das können Sie sich aussuchen. Mit dieser Anordnung folgen Sie dem gewohnten Bild. So haben es die Leser gelernt – so ist es gut.

3. Verpacken Sie Ihre Leistung in eine Kernbotschaft

Jetzt wird es schwieriger: Wenn Ihr künftiger Kunde Ihr Profil in die Hand nimmt, sollte er neben Ihrem Konterfei mit einem Blick erkennen können, wofür Sie stehen. Der Tipp kommt so einfach daher – und oft ist er so schwer umzusetzen.

Überzeugen in Sekunden

Mit Ihrem Profil ist es wie mit dem Elevator Pitch: Sie haben nur wenige Sekunden, Ihren Leser zu überzeugen. Er entscheidet binnen Augenblicken, ob er Ihr Profil zu Ende liest oder das nächste zur Hand nimmt. Mit einer guten Kernbotschaft schlagen Sie zwei Fliegen mit einer Klappe:

- Sie erleichtern es Ihrem Kunden, sich für Sie zu entscheiden. Derart fokussiert nimmt er Sie nämlich als Spezialisten wahr – anders als den sprichwörtlichen Gemischtwarenhändler mit Bauchladen.

- Genauso wichtig ist, dass Sie mithilfe der Kernbotschaft einen Platz in der Kopfschublade Ihres Kunden einnehmen. Das heißt: Ihre Kernbotschaft kann er sich merken. Bei passender Gelegenheit bucht er Sie selbst oder er empfiehlt Sie weiter.

4. Beweisen Sie Ihre Kompetenz und Ihre Erfahrung

Wer spezielle Kompetenzen für sich reklamiert, tut gut daran, sein Können zu beweisen. Damit sind wir beim vierten Aspekt des Trainerprofils angekommen: dem Beleg. Mit dem Beweis überzeugen Sie Ihren Kunden, dass er mit Ihnen den Richtigen einkauft. Sie haben verschiedene Möglichkeiten:

Kompetenzen belegen, Vertrauen wecken

- Der Klassiker ist eine übersichtliche Vita, die die wichtigen Stationen Ihrer Karriere schildert und zeigt, was Sie an Wissen und Erfahrung mitbringen.

- Wenn Sie eng mit einer Branche verbunden sind, verweisen Sie explizit auf Ihren Stallgeruch. Wie kaum etwas anderes sorgt dieser für einen Vertrauensvorschuss bei Ihrem Kunden. Dies gilt vor allem für die eher konservativen Branchen wie Banken, Versicherungen und Maschinenbau sowie solche Branchen, die gerne unter sich bleiben, wie die Werber.

- Ebenso wie die Branchennähe sorgen Zahlen, Daten und Fakten für Vertrauen: Wie lange sind Sie schon in Ihrem Business? Wie viele Coachees haben Sie schon glücklich gemacht? Wie viele Trainings haben Sie in wie vielen Jahren absolviert? Wie viele Teilnehmenden haben Sie im Laufe der Jahre durch Ihre Seminare geschleust? Lassen Sie Ihrer Fantasie freien Lauf, so lange das Zahlenwerk stimmt. Kleiner Tipp am Rande: Auch eine realistische Schätzung ist eine akzeptable Methode, um dem Kunden ein Gefühl zu vermitteln, wie viel Erfahrung er einkauft.

- Ergänzen können Sie Ihre Liste an Belegen mit Teilnehmerstimmen, Referenzen, Zertifikaten etc. Doch Vorsicht: Zu viel weckt Misstrauen! Wählen Sie mit Bedacht und Fingerspitzengefühl, was Sie veröffentlichen.

- Und ja, auch in unserem Metier gibt es einen Promi-Bonus: Wenn Sie als Trainer oder Beraterin schon einmal mit einer Person des öffentlichen Lebens zusammengearbeitet haben (und dies sagen dürfen), dann sagen Sie es! Mit einem gemeinsamem Foto ist es noch besser: Wenn Trainer Maier mit Promi Müller lachend auf einem Foto zu sehen ist, wird der Erläuterungstext zum schmückenden Beiwerk. Nur eines sollten Sie wissen: Der Versuch, sich mit einem Promi zu schmücken wie auch die Person des Promi selbst, kann polarisierend wirken. Entscheiden Sie deshalb: Mögen Sie diese Art von Werbung? Ist sie aus Ihrer Sicht ein Plus oder ein Minus?

5. Die Krönung: Call-to-Action mit Goodie

Ganz im Sinne der AIDA-Formel können Sie Ihr Profil zum Ende mit einem Goodie abrunden. Animieren Sie Ihren Kunden zum Handeln, indem Sie ihn etwa zu einem Probetraining, einem Vortrag oder zu einem kostenfreien Erstgespräch inklusive XY-Analyse einladen.

Verweisen Sie alternativ auf Kostproben Ihres Könnens im Netz in Form von Checklisten, Videos, Podcasts etc. und schaffen Sie eine Schnittstelle zwischen klassischem, eher analogen Marketing und Online-Marketing.

Zum Schluss: eine Seite genügt

Der One-Pager – auch offline möglich

Wenn Sie das alles lesen, denken Sie vielleicht: Meine Güte, alles auf eine Seite – wie soll das denn gehen? Keine Sorge, das klappt! Nicht umsonst sagt man: Auch Goethe wird durch Streichen besser. Lassen Sie also gnadenlos den Rotstift walten! Wie gesagt: Ein Profil ist weniger starr als ein klassischer Lebenslauf. Sie haben viel mehr künstlerische Freiheit bei der Gestaltung.

Fassen Sie sich dennoch kurz, denn auch bei Profilen gilt: Wer es schafft, die substanziellen Inhalte auf einer DIN-A4-Seite zu bündeln, hat die Aufmerksamkeit des Lesers bis zum Seitenende.

Wenn Sie schon lange im Geschäft sind und eine umfangreiche Vita vorzuweisen haben, die sich nicht in zwei Abschnitten schildern lässt, müssen Sie abwägen: Schreiben Sie das Unerlässliche und lassen Sie Verzichtbares weg. Fragen Sie Freunde, Bekannte, Familie und gute Kunden, ob Sie den Ton getroffen haben.

Und wundern Sie sich nicht, wenn sich über die Zeit ein gewisser Fundus an Profilen mit unterschiedlichen Schwerpunkten auf Ihrem PC wiederfindet – das ist ganz normal und sogar wünschenswert. Am besten fahren Sie, wenn Sie Ihr Profil an den Bedarf Ihrer Kunden anpassen.

12

Sicherheit – das wertvollste Geschenk an Ihren Kunden

Wie machen Sie es Ihrer Kundin leicht, sich für Sie zu entscheiden?

Der Einkauf einer Dienstleistung ist riskant: Ob die Zusammenarbeit glücklich sein wird, wissen vorab nur die Sterne. Hinterher sind alle Beteiligten schlauer – dann aber ist die Leistung erbracht und die Rechnung muss bezahlt werden. Ihre Kundin hat mit gutem Grund Angst, eine falsche Entscheidung zu treffen. Deshalb sollte Ihre Kommunikation dazu beitragen, ihre Ängste abzubauen. Ihre Kundin will wissen:

Das will Ihre Kundin wissen

- „Bekomme ich hier, was ich suche?"
- „Kann mir der Anbieter wirklich helfen?"
- „Ist er gut im Geschäft? Kann ich darauf vertrauen, dass er mich gut berät oder ist er selbst in Not und verkauft mir irgendetwas, nur um den Auftrag zu bekommen?"
- „Passen wir gut zusammen? Wird die Zusammenarbeit angenehm sein? Ist er ein guter Typ?"
- „Hat er einen vergleichbaren Auftrag schon einmal erfolgreich bewältigt?"
- „Wenn das Training wirklich nicht gut laufen sollte: Wie rechtfertige ich meine Entscheidung, wenn der Controller kritisch nachfragt? Steht meine Argumentationskette?"

Gerade den letzten Punkt sollten Sie nicht unterschätzen. Wenn die Atmosphäre stimmt, sprechen Personalentscheiderinnen offen darüber: Sie stehen in ihren Unternehmen unter Rechtfertigungsdruck und müssen Rückfragen von Einkauf und Controlling beantworten.

Ihre Personalentscheiderin ist Ihre Partnerin und Empfehlungsgeberin im Verkaufsprozess. Es liegt an Ihnen, ihr die Argumente zu liefern, die es ihr erlauben, sich für Sie auszusprechen.

Zum Schluss noch ein Zitat: Was Kunden wirklich kaufen wollen, hat die Spezialistin für Kundenloyalität, Anne M. Schüller, in einem wunderbaren Satz zusammengefasst:

„Was Menschen in Wirklichkeit kaufen? Sorglosigkeit, sichtbaren Erfolg, ein Vertrauensverhältnis ohne Enttäuschungsgefahr, Lebensqualität und Seelenfrieden. Zeit, Ruhe und Freiraum, so heißt der neue Luxus. Wer sich solche Dinge kaufen kann und will, der schaut nicht aufs Preisschild" (Schüller, 2010).

Tipp!

- Wie viel „Stoff" geben Sie Ihrer Kundin, ihre Entscheidung für Sie intern zu argumentieren?
- Wie viel Entscheidungssicherheit bieten Sie Ihrer Kundin?

Abschnitt 3

Wozu noch ein Profil?

Wenigstens 50.000 aktive Trainerinnen und Berater wirken in Deutschland. Lohnt es sich da überhaupt, sich ernsthaft um ein eigenes Profil zu kümmern? Ja, es lohnt sich auf jeden Fall. Es kommt bloß darauf an, dabei die richtigen Ziele zu verfolgen. In diesem Abschnitt dreht sich alles ums Profil:

- Langfristiger Beziehungsaufbau als realisierbare Alternative zum schwer definierbaren USP
- Wie Sie an Ausstrahlung gewinnen
- Wie das Layout aktueller Webseiten auf Ihr Profil zurückwirkt

13 Einzigartigkeit – ach was! 51
14 Ihr Profil – für die Sicherheit, die Sie vermitteln 55
15 Ihr Profil – für Ihre selbstbewusste Ausstrahlung 56
16 Ihr Profil – für die Aufmerksamkeit, die Sie auf sich ziehen 59
17 Ihr Profil – für Ihre Webseite 60

13

Einzigartigkeit – ach was!

Erinnert sich noch jemand an die leidenschaftlichen Diskussionen um den USP? Nein? – Das ist auch gut so.

USP steht für eine „Unique Selling Proposition". Gemeint ist ein einzigartiger Verkaufsvorteil. Etwas, das nur ein einziger Anbieter im Programm hat, weil nur dieser die notwendigen Kenntnisse, Ressourcen, Infrastruktur oder Zugang zu etwas anderem hat, das für diese einzigartige Leistung notwendig ist.

Nicht für jeden lässt sich ein USP definieren

Was das für Trainerinnen und Berater in der Praxis hätte sein können, wurde nie geklärt. Weiterbildungsprofis und Berater besuchen gemeinsam Aus- und Weiterbildungsstätten und erwerben dort Kompetenzen für ihr Tun. Natürlich prägen sie mit der Zeit eine eigene Handschrift aus. Ein USP im eigentlichen Wortsinn entsteht so jedoch nicht.

Viele haben es geahnt und sich die Sache mit dem USP ein wenig zurechtgedehnt. Andere jedoch haben viel Zeit und Kraft darauf verwendet, einen USP an sich zu entdecken.

Auch wenn ich den USP im Berater-Geschäft mit einer großzügigen Geste abhake: In der Diskussion um den USP steckt ein wahrer Funke, den ich nicht einfach so übergehen möchte. Ein echter USP ist ungewöhnlich. Er fällt auf. Und was auffällt, bleibt im Gedächtnis.

Erinnern Sie sich, wo Sie waren, als Sie vom ersten pandemiebedingten Lockdown hörten? Ich war auf dem Weg nach Husum, um die Krokusblüte zu bewundern. Der lange Winter, das trübe Wetter in Norddeutschland: Ich hatte Hunger auf Farbe. Im Auto, auf dem Weg dorthin, lief das Radio. Die Nachricht vom Lockdown war für mich so ungeheuerlich, dass sich die Szene in meinem Gedächtnis einprägte. Noch einen Tag zuvor hätte ich geschworen, dass die Wirtschaft in Deutschland niemals stillgelegt werden würde.

So funktioniert das Gehirn. Das Außergewöhnliche bleibt hängen. Einen Doppel-Wumms vergisst man nicht, um ein bekanntes Wort zu zitieren. Kaum einem von uns dürfte allerdings ein derart einmaliger Auftritt bei

Langfristiger Beziehungsaufbau

unseren Kunden gelingen, zumal er auch noch positiv sein sollte. Die Alternative liegt im langfristigen Beziehungsaufbau.

Geteilte Werte

Auf meinem Schreibtisch liegt ein Frauenmagazin, darin zwei ganzseitige Anzeigen der L'Oréal Group. 1.200.000 Frauen hätte der Konzern im vergangenen Jahr gestärkt, heißt es. Er setze sich für Inklusion, Chancengleichheit, Stärkung der Frauen, Bekämpfung der Armut und einiges andere mehr ein. Wie kommt ein Kosmetikkonzern auf eine solche Idee?

„Geteilte Werte" heißt das Stichwort. Ein Konsument oder eine Konsumentin hat die Auswahl zwischen den Angeboten ungezählter Hersteller. Werfen Sie einen Blick in einen beliebigen Drogeriemarkt, in Reformhäuser, Bio-Läden, Apotheken und Parfümerien – den Online-Versand nicht zu vergessen.

Viele Hersteller bieten tadellose Produkte an. Kunden und Kundinnen benötigen also einen Fingerzeig, um sich für einen Anbieter entscheiden zu können.

Damit kommen Werte ins Spiel, denn das entspricht dem Zeitgeist. Welcher Anbieter unterstützt mich darin, meinen Lebensstil so zu gestalten, wie ich es für richtig halte? Das ist die Frage. Wer seinen Kunden und Kundinnen ein gutes Gefühl vermittelt, hat die Nase vorn.

Auch unsere Kunden und Kundinnen fragen sich, mit wem sie sich in ein Boot setzen.

Tipp!

Wie gelingt es, Ihre Werte in Ihre Kommunikation einzubinden? Denken Sie zunächst darüber nach, wofür Sie stehen möchten und finden Sie anschließend eine für Sie passende Ausdrucksform: Selbstverständlich können Sie per Post, Blog, Video oder Podcast ein Meinungsstück veröffentlichen.

Es geht jedoch auch dezenter:

- Bringen Sie sich in bereits existierende Diskussionen ein.
- Präsentieren Sie sich mit Fotos, die Sie in einer Umgebung zeigen, die Sie bevorzugen.

- Berichten Sie von Initiativen, die Sie unterstützen.
- Unterstützen Sie Posts anderer mit einem Like oder Daumen hoch. Ihre Follower in den Social Media sehen das.

Prüfbare Kompetenz

Das Aufkommen von ChatGPT und anderen KI-Tools hat spürbar am Fundament meines Geschäfts gerüttelt. Ziemlich schnell wurde mir jedoch klar, dass es gilt, die Entwicklung zu umarmen – und sich nicht zu drücken. So habe ich einen Prompting-Kurs belegt, jedoch nicht irgendeinen, sondern einen von der Vanderbilt Univerity of Texas.

Kompetenz als Türöffner

Als ich bei LinkedIn das Abschluss-Zertifikat hochgeladen hatte, geschah etwas Interessantes: Menschen, bei denen ich schon lange einen Kontakt angefragt hatte, sagten plötzlich zu. Andere fragten von sich aus einen Kontakt bei mir an.

In der IT-Szene hat die Vanderbilt University einen guten Ruf. Das Zertifikat belegt nicht nur die ausgewiesenen Kompetenzen, sondern transportiert eine Zugehörigkeit und einen Anspruch an das Ausbildungsniveau.

Tipp!

In Zeiten von KI kann in der Kommunikation wirklich alles synthetisch erzeugt sein. Deshalb rechne ich damit, dass Zeugnisse und Zertifikate einen neuen Boom erleben werden. Ordnen Sie Ihre Papierlage!

Ein eindeutiges Leistungsversprechen

Auch wenn ich nicht auf einem USP beharre: Ein eindeutiges Leistungsversprechen sollten Sie dennoch abgeben. Ihr Versprechen sollte Noch-nicht-Kunden deutlich machen, für wen Sie aktiv sind und was besser wird, wenn man mit Ihnen arbeitet.

Die Zielkunden im Blick behalten

Was eindeutig heißt, hängt oft von der Arbeits- und Lebenswirklichkeit Ihrer Zielkunden ab. Was ein „systemischer Coach" ist, mag für Führungskräfte rätselhaft sein. Eine Ausbildung zum „systemischen Coach" ist für Coaching-Interessierte jedoch unbedingt aussagekräftig und attraktiv.

Positionierung – Ausgangspunkt für Ihr Personal Branding

Viele wenden sich ab, wenn das Wort „Positionierung" fällt. Bei LinkedIn spricht kaum noch jemand davon. Dabei ist die Frage, wer Sie auf dem Markt sein wollen und wem Sie welche Leistung anbieten, immer aktuell. Sie ist der Ausgangspunkt für Ihren Auftritt und Ihre gesamte Kommunikation – ein zentraler Bestandteil Ihres Personal Brandings.

Wie konnte die Positionierung derart unter Beschuss geraten? Einen kommunikativen Ausgangspunkt zu finden, ist immer zeitgemäß. Doch ich glaube, dass wir die Art und Weise ändern sollten, wie wir eine Positionierung angehen. Wir sollten leichtgewichtiger und pragmatischer vorgehen.

Im Praxisteil stelle ich Ihnen eine Methode vor und empfehle, sie mit einem Markt-Check zu kombinieren (Seite 104 ff), etwa mit einer Kundenbefragung. So wird Ihre Positionierung zu einem zuverlässigen Ausgangspunkt für Ihren Erfolg.

Auch Sie profitieren

Gerne möchte ich Sie auf den Geschmack bringen: Es gibt auch für Sie persönlich eine Menge zu gewinnen.

14

Ihr Profil – für die Sicherheit, die Sie vermitteln

Unterstützen Sie die Person(en) in der Organisation Ihres Kunden, die sich für Sie einsetzen.

Ganz gleich, ob Sie für große oder kleine Unternehmen arbeiten: Wenn Sie bei der Auftragsanbahnung auf ein Entscheider-Team treffen, benötigen Sie eine Fürsprecherin, die Sie im Team vorstellt und sich für Sie einsetzt. Mal ist es die Assistenz der Geschäftsführung, mal ist es die Personalreferentin, die eine Vorauswahl trifft. Dann wieder spricht eine Geschäftsfreundin eine Empfehlung aus. So läuft es fast immer. Ausnahmen sind selten.

Argumente liefern für Empfehler

Wer immer Ihre Empfehlerinnen sind: Sie alle eint eine Frage, die sie gegenüber ihren Vorgesetzten, Geschäftsführerinnen, Vorständen beantworten müssen: „Was hat Ihnen an diesem Anbieter gefallen: Weshalb schlagen Sie ihn vor?"

Für Mitarbeitende in einer Personalabteilung gilt sogar, dass sie sich absichern müssen: Sollte die Weiterbildungsmaßnahme weniger erfolgreich verlaufen als erhofft, müssen sie sich gegenüber den Kollegen und Kolleginnen aus dem Controlling rechtfertigen können. Sie brauchen eine wasserdichte Argumentationskette, damit sie sagen können: „Die Papierlage war gut. Sie hätten auch so entschieden."

Tipp!

Ihr Profil liefert Ihrem Empfehler die Argumente, die er braucht, damit er sich für Sie einsetzen kann.

15

Ihr Profil – für Ihre selbstbewusste Ausstrahlung

Ihre Kunden suchen einen erfahrenen, selbstbewussten Profi auf Augenhöhe.

Kai-Lorenz Muhler aus dem Team Martin Limbeck hat zwei Einkäufer gefragt, was sie sich im Verkaufsgespräch von den Anbietern wünschen. Die beiden Einkäufer haben drei Gruppen von Verkäufern ausgemacht:

- Die Überheblichen ohne Wertschätzung für ihr Gegenüber: Zu dieser Sorte haben die Einkäufer kein Vertrauen.
- Die Unterwürfigen: Diese Gruppe können die beiden Einkäufer nicht ernst nehmen. In ihrer Ängstlichkeit verstecken sie sich hinter ihren Produktflyern, Präsentationen und Angeboten. Viel zu schnell offerieren sie das günstigste Angebot, ohne überhaupt den Bedarf des Einkäufers zu kennen.
- Die Profis mit ausgewogenem Selbstbewusstsein: Sie verhandeln von vornherein auf Augenhöhe, erfragen sehr genau den Bedarf und unterbreiten erst dann ihr Angebot.

(Kai-Lorenz Muhler: Was Ihr Kunde von Ihnen erwartet)

Entscheider suchen Unterstützung auf Augenhöhe

Das Ergebnis überrascht: Diese beiden Einkäufer wollen auf keinen Fall König Kunde sein, sondern mit selbstbewussten Partnern sprechen. Umsatzstarke Kunden erzählen mir die gleiche Geschichte: Kein Entscheider will einen Weiterbildungsanbieter in der Defensive sehen. Wer einen Trainer oder eine Beraterin beauftragt, sucht Unterstützung in einer Situation, die er allein nicht bewältigen kann. Deshalb braucht er einen erfahrenen und kompetenten Begleiter. „Kannst du mir helfen?", ist die manchmal unausgesprochene, aber beständige Frage des Kunden. Was er braucht, ist eine zuverlässige Lösung und jemanden, der sie umsetzt.

Das Selbstbewusstsein ist demnach eine wichtige Erfolgsgröße in der Verhandlung. Bleibt nur noch die Frage, was Weiterbildungsanbieter für ihre gute Ausstrahlung tun können.

Den selbstbewussten Menschen erkennt man an der Sprache. Als Trainer oder Beraterin kennen Sie das: Unsicherheit verrät sich in Weichmachern wie „vielleicht", „eventuell", „eigentlich" und „irgendwie". Unsichere Menschen halten mit ihrer Meinung hinter dem Berg. Kritik und klare Worte meiden sie – sie könnten ja unangenehm auffallen. Ablehnung wäre die Folge, die zu tragen ihnen ausgesprochen schwerfällt.

Ursula Nuber, Herausgeberin der „Psychologie heute", schreibt: *„Selbstwertschwache Menschen wollen als nett, freundlich und sympathisch wahrgenommen werden. ‚Bloß nicht unangenehm auffallen', heißt deshalb ihre Devise. Anerkennung durch andere ist ihnen zwar sehr wichtig, aber noch wichtiger ist es für sie, sich keine Kritik oder Ablehnung einzuhandeln. Dadurch aber bleiben sie mit ihren Fähigkeiten für andere unsichtbar. Weil sie sich nicht zeigen, können sich andere nur schwer ein Urteil über sie bilden."*

(Ursula Nuber: Das Selbstwertgefühl – die Quelle unserer Kraft)

Ein klarer Standpunkt zeugt von Selbstbewusstsein

Selbstbewusstsein zeigt sich darin, dass eine Person einen Standpunkt bezieht und in der Lage ist, ihn zu verteidigen. In meiner eigenen beruflichen Praxis treffe ich allerdings auf eine andere Wirklichkeit. In den Erstgesprächen erklären mir Ihre Kollegen ausführlich, was sie tun. Sie stellen sich als Trainer, Beraterin, Coach, Mediatorin, Moderator und Ich-weiß-nicht-was-noch-alles vor. Sie präsentieren sich mit einer beeindruckenden Palette an Trainings und Seminaren und listen mir ihre ersten, zweiten und dritten Standbeine auf.

Die Botschaft zwischen den Zeilen lautet: „Ich kann sehr viel. Der Kunde muss mir nur sagen, was er braucht, dann schnüre ich ihm das Paket."

Der Kunde aber fragt: „Anbieter, kannst du mir bei meinem aktuellen Problem helfen? Kann ich mich auf dich verlassen? Hast du das schon einmal gemacht?"

Der eine redet über seine Werkzeuge, der andere über sein Problem. So kommen die beiden nicht zusammen. Will die Trainerin oder der Berater die Brücke zu seinem Kunden schlagen, darf er nicht ausweichen, sondern muss wohl oder übel bekennen, welche Probleme er löst und was seine Arbeit bewirkt.

Ein gereifter, erwachsener, selbstbewusster Mensch kann sagen: „Der bin ich. Das kann ich und das kann ich nicht." Das Profil ist das Pendant in der Geschäftswelt. Eine gereifte, selbstbewusste Selbstständige oder Unternehmerin kann sagen: „Die bin ich. Das kann ich und das kann ich nicht." Das Selbstbewusstsein des Anbieters spiegelt sich in einem eindeutigen Profil.

Tipp!

Das Profil eines Selbstständigen ändert sich im Laufe der Jahre. Das ist unvermeidlich: Der Mensch entwickelt sich weiter, die Umwelt ebenso.

Ihre künftige Website bildet eine schlüssige Momentaufnahme ab. Sie reduziert Ihre Wirklichkeit auf ein Maß, das Ihre Umwelt aufnehmen und verarbeiten kann. Ihre Innenwelt ist selbstverständlich viel komplexer.

Mit großer Wahrscheinlichkeit blicken Sie in fünf oder sechs Jahren auf Ihre Website und erkennen sich nicht mehr wieder. Dann wird es Zeit für eine Kurskorrektur. Das meiste bleibt, aber einige Details ändern sich doch.

16

Ihr Profil – für die Aufmerksamkeit, die Sie auf sich ziehen

Setzen Sie Akzente: Versuchen Sie nicht zu behaupten, alles zu können.

Einem wunschlos glücklichen Menschen können Sie nichts verkaufen. Er hat alles, was er braucht. Erst wenn er irgendwo einen Mangel oder einen Wunsch verspürt, wenn seine Welt nicht mehr komplett ist, dann öffnet er sich für Ihre Botschaft.

Wofür genau stehen Sie?

Viele Weiterbildungsanbieter und -anbieterinnen verkennen das. Sie schreiben auf ihre Website alles, was sie je gemacht haben. Jede Erfahrung ist ein Pluspunkt – denken sie. Doch je mehr Punkte sie setzen, desto unschärfer wird das Bild. Wofür stehen sie eigentlich?

Ein Trainingsteam hat es einmal auf die Spitze getrieben. Auf der Website stand sinngemäß zu lesen: „Verehrter Kunde, wir sind ein Team mit 15 freien Trainern. Wir haben jede Menge Erfahrung. Sag uns einfach, was du brauchst, dann machen wir das."

Sie erinnern sich an die Geschichte von Franziska, Jette und Klaus: Ihr Kunde sucht einen starken Begleiter für genau seine Situation. Die „Einladung" des Trainingsteams ist für die Kundenansprache der GAU.

Tipp!

Ihr Kunde sucht nach dem richtigen Stichwort. Geben Sie es ihm, sonst gleitet Ihr Angebot einfach an ihm ab.

17

Ihr Profil – für Ihre Webseite

Verschachtelte Webseiten waren gestern. Heute punkten Sie mit inhaltlicher Klarheit, Kürze und raschen Entscheidungshilfen.

Mobile Endgeräte haben unseren Alltag erobert. Statista meldet 85 Prozent mobile Internetzugriffe für das Jahr 2023. Im Zuge dessen breitet sich ein neuer Layout-Typ aus: der One-Pager. Als Beispiel sehen Sie eine kostenfreie Vorlage für das System WordPress: „Moesia". (*http://demo.athemes.com/moesia/*)

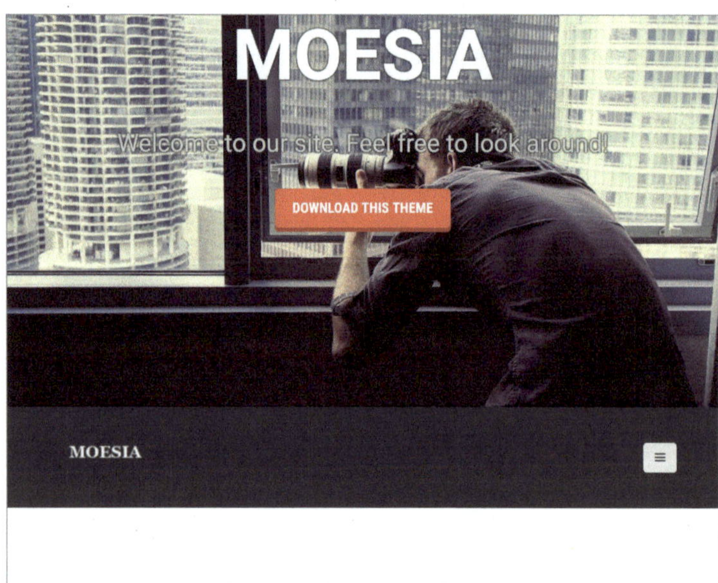

Abb.: Vorschau der WordPress-Layoutvorlage „Moesia" für One-Pager-Websites.

One-Pager erkennen Sie an den riesigen Einstiegsfotos („Header“) und daran, dass die Informationen nacheinander in Blöcken angeordnet sind. Insgesamt ist das Layout übersichtlich und luftig.

Im ersten Moment irritiert das Layout, wenn man es sich auf einem großen Bildschirm ansieht: Das Header-Foto wirkt übergroß. Doch die Gestaltung erklärt sich, wenn der Benutzer auf ein Smartphone wechselt: viele Fotos, wenig Text und nur wenige Links zum Klicken. All das kommt dem mobilen Benutzer entgegen.

Wenige Seiten, wenig Text, viel Grafik

Eine Lösung für Sie? Denken Sie doch einmal darüber nach, gerade, wenn Sie am Anfang stehen. Verschachtelte Websites waren schon bisher nicht gut, jetzt aber haben sie sich endgültig überlebt. Der Trend geht hin zu wenigen Seiten, wenig Text und viel grafischem Material.

Wenn das keine Aufforderung zum Fokussieren ist! Was ist das Wichtigste, was Sie Ihrem Leser zu sagen haben? – Ihr Profil liefert die Antwort.

Tipp!

Viele Websites von Trainern oder Beraterinnen erinnern hinsichtlich Struktur und Fülle an Bauwerke aus dem Rokoko. Heute ist Bauhaus gefragt.

Teil II

Unterwegs im Netz

Wie Sie Ihre Inhalte so präsentieren, dass sich Ihr Besucher auf Ihrer Website wohlfühlt

In diesem Kapitel lesen Sie

- wie sich Ihre Kunden auf Ihrer Website verhalten,
- wie Google Ihre Website sieht und bewertet und
- welche Rolle die Website in Ihrem Marketing künftig spielen soll.

Abschnitt 1

In den Schuhen Ihrer Besucher gehen

Besucherinnen und Besucher möchten etwas finden – bedarfsgerecht, direkt, leicht nachvollziehbar. Im ersten Abschnitt lesen Sie, was Sie dazu beitragen können:

- Nach welchen Kriterien Käuferinnen und Käufer Informationen filtern
- Welche Entscheidungsabkürzungen besonders relevant sein können
- Und wie Sie Ihren Kunden Entscheidungen erleichtern

01 Wie bewegen sich Kunden im Netz? 65
02 Wie gelingt es, die richtigen Duftmarken zu setzen? 67
03 Beispiel für den gelungenen Einsatz von Biases 73

01

Wie bewegen sich Kunden im Netz?

Liefern Sie Ihren Usern relevante Informationen und halten Sie den Suchaufwand dafür für sie so gering wie möglich.

Dank des Internets hat sich das Käuferverhalten dramatisch verändert. Die Pandemie hat der Entwicklung noch einmal einen ordentlichen Schub verpasst: Wer bislang noch nicht online recherchiert und gekauft hatte, tut es seither.

Kunden recherchieren vor dem Kauf online

Kunden machen sich zunächst im Internet schlau, bevor sie Kontakt aufnehmen und sich für ein Angebot oder eine Leistung entscheiden. Für ihre Recherche nutzen sie verschiedene Kanäle, auch die Social Media. Bereits 2011 ging man von 10,4 besuchten Quellen pro Recherche aus. Seien Sie deshalb im Netz präsent – es lohnt sich (Google, 2011).

Die Besucher verschaffen sich zuerst einen Überblick (Google, 2023)

Der Trend hält an. Heute ist es eine echte Herausforderung, alle Informationsquellen auszuschöpfen, selbst für die einfachsten Produkte und Leistungen. Für diejenigen von uns, die auf der Suche nach dem absolut „besten" Angebot sind und nicht nach etwas, das gerade „gut genug" ist, nimmt die Recherche kein Ende. Es gibt immer noch eine weitere Expertenmeinung, eine weitere Seite mit Kundenkommentaren, eine weitere Kombination von Suchbegriffen, die möglicherweise zu einem Schnäppchen führen oder uns davor bewahren, Zeit und Geld für ein minderwertiges Produkt zu verschwenden.

Entscheiden ist schwieriger geworden

Während wir früher in einem Ladengeschäft nur eine begrenzte Anzahl von Produkten in Betracht zogen und nur eine begrenzte Anzahl von Marken wahrnahmen, haben wir jetzt in einigen Kategorien eine schier endlose Auswahl und Information. Richtig zu entscheiden und sich dabei sicher zu fühlen, ist zu einer schwierigen Aufgabe geworden.

Wie gehen Kunden mit dieser Informationsfülle um?

Um das Verhalten beim Besuch einer Website zu beschreiben, greifen die Experten auf eine Theorie aus den 1970er-Jahren zurück: Ausgangspunkt ist die Art und Weise, wie Tiere Nahrung suchen. Sie besuchen physische Orte – „Flecken" – und prüfen sie schnell auf ihr Potenzial, Nahrung zu liefern. Die Qualität eines Flecks beurteilen sie nach Merkmalen wie dem Geruch. Riecht es gut, dann bleiben sie. Wenn nicht, ziehen sie weiter. Denn zu bleiben, würde den Energieaufwand nicht lohnen.

„Informations-Flecken" ziehen Besucher an

Menschen wenden bei der Suche nach Informationen eine fast identische Technik an. Die Informationsfelder, die wir erkunden, sind zwar keine physischen Räume, aber wir suchen auf dieselbe Weise nach Hinweisen und Signalen. Unsere „Informations-Flecken" sind Ergebnisse in der Suchmaschine, digitale Anzeigen, soziale Inhalte oder Websites. Wir bewerten sie schnell nach der Menge an Informationen, die wir wahrscheinlich erhalten werden. Wenn uns der „Duft" eines bestimmten Bereichs nicht gefällt, gehen wir weiter und suchen nach einem anderen.

Wir bevorzugen „Flecken", die die größte Menge an relevanten Inhalten liefern und dazu den geringsten Aufwand an Zeit und Mühe fordern.

02

Wie gelingt es, die richtigen Duftmarken zu setzen?

Biases sorgen für mentale Ankerpunkte auf Ihrer Website und unterstützen die Entscheidungsfindung Ihrer Kunden.

Google hat 2023 eine Studie unter dem Titel „Marketing in the Messy Middle" veröffentlicht (Marketing in the messy middle. Part 2 of the Decoding Decisions series. Google, 2023. *https://www.thinkwithgoogle.com/_qs/documents/18368/Decoding_Decisions_Marketing_in_the_Messy_Middle_DclfruV.pdf*). Dort wurde untersucht, wie Nutzer auf Anzeigen und Webseiten reagieren.

Im Zuge dieser Studie hat Google Heuristiken ausgemacht – Signale, die Benutzern anzeigen, dass sie einen aussichtsreichen Flecken gefunden haben.

„Biases" – Signale für ein lohnendes Angebot

Google spricht von „Biases" oder Entscheidungsabkürzungen. Im Folgenden möchte ich sie Ihnen vorstellen. Die Wirkung erstaunt: Werden diese mentalen Ankerpunkte sinn- und verantwortungsvoll auf Webseiten eingesetzt, können unbekannte Anbieter sogar etablierte Marken in der Käufergunst übertreffen!

Dies sind die zentralen Abkürzungen (engl. „Biases"):

Authority Bias

Autoritäten wirken überzeugend

Menschen messen der Meinung von Autoritäten im Allgemeinen mehr Gewicht bei als der eigenen Einschätzung.

> **Beispiel:** Ein Strategieberater präsentiert auf seiner Website ein Zitat eines bekannten Wirtschaftswissenschaftlers, der sein Lösungskonzept bestätigt.

Auch Titel, Auszeichnungen oder Zertifikate gehören in dieses Kapitel. Wenn Sie möchten, lassen Sie sich von anderen Experten oder Organisationen als Experte präsentieren.

Power of free

Ein kostenloses Angebot übt einen hohen Reiz aus. Menschen können oft nicht widerstehen.

> **Beispiel:** Ein Leadership-Berater bietet ein kostenloses E-Book mit ausgewählten Empfehlungen für eine starke persönliche Präsenz an.

Kostenlos, aber hochwertig

Ein kostenloses Angebot wie dieses hat die Aufgabe, die Aufmerksamkeit der Website-Besucher zu wecken und sich mit dem Angebot des Beraters oder der Beraterin zu beschäftigen. Wichtig ist, dass dieses kostenlose Angebot attraktiv und tatsächlich nützlich und hochwertig ist. Lieblose Angebote kommunizieren, was sie sind: ein billig hingeworfenes Lockmittel. Sie wirken deshalb eher abschreckend.

Scarcity bias

Knappheit steigert den wahrgenommenen Wert

Ein knappes und begrenztes Angebot nehmen Kunden und Kundinnen meist als wertvoller wahr als ein unendlich verfügbares.

> **Beispiel:** Event-Veranstalter begrenzen die zu vergebenden Plätze. Ist eine Veranstaltung oder ein Seminar ausgebucht, müssen Interessenten bis zum nächsten Mal warten.

Wenn Ihr Angebot dafür geeignet ist, begrenzen Sie das Angebot und erzeugen das Gefühl von Dringlichkeit.

Social Proof

Überzeugende Kundenstimmen

Bewertungen („Sterne") und Kundenstimmen sind in vielen Fällen der entscheidende Kaufauslöser. Niemand möchte der oder die Erste sein, an dem sich ein Berater oder eine Beraterin ausprobiert. Auf Kundenstimmen sollten Sie auf Ihrer Website auf keinen Fall verzichten.

Category heuristics

Menschen fühlen sich sicherer, wenn ihre Erwartungen an eine Kategorie erfüllt sind.

> **Beispiel:** Ein Speaker spricht vor großem Publikum. Coachs präsentieren sich als freundliche und offene Menschen. Ein Lifestyle-Coach zeigt sich in einem luxuriösen Umfeld und lässt es sich gut gehen.

Menschen haben Vorstellungen davon, wie etwas oder jemand zu sein hat. Erfüllen Sie diese Erwartungen, wenn der Bruch der Erwartung nicht gerade Teil Ihrer Positionierung ist.

Erwartungen erfüllen (oder bewusst brechen)

Wenn Sie sich vom Mainstream absetzen wollen, überlegen Sie: Was ist für Ihre Kunden unabdingbar? Wo können Sie sich mit einem gezielten Bruch der Erwartungen positionieren? Finden Sie Ihre Balance.

Power of now

Menschen fällt es schwer, zu warten. Sie bevorzugen kurzfristige Belohnungen.

> **Beispiel:** Ein Personalberater bietet eine kostenlose Erstberatung von 20 Minuten an und stellt ein Tool zur Terminvereinbarung zur Verfügung. Der interessierte Neukunde wählt leicht und bequem einen der freien Termine aus.

Den Aspekt der Unmittelbarkeit sollten Sie nicht unterschätzen: Der Homo digitalis wünscht sich seine Belohnungen sofort und von jedem Punkt der Welt aus. Machen Sie ihm den nächsten Schritt leicht und ärgern Sie ihn nicht mit langwierigen Terminabstimmungen oder Formularen, in die er sein Anliegen nebst Kontaktdaten eintippen muss.

Möglichst schnell und unkompliziert

Framing

Ist das Glas halb voll oder halb leer? Die gleiche Information erzeugt unterschiedliche Reaktionen, je nachdem, wie sie präsentiert wird.

> **Beispiel:** Eine „Hilfe bei der Suche nach dem perfekten Job" macht gleich viel mehr Laune als eine „Hilfe bei der Suche nach einem Job".

Ihre Kunden wünschen sich, dass das Leben mit Ihnen zusammen besser wird. Achten Sie deshalb auf eine positive und motivierende Sprache.

Positiv und motivierend

Emotional Priming

Jeder weiß: Bei Entscheidungen spielen die Gefühle eine entscheidende Rolle. Als Berater oder Beraterin sollten Sie gezielt emotionale Botschaften senden.

Emotionale Botschaften

> **Beispiel:** Ein Organisationsentwickler stellt auf seiner Website Bilder eines offensichtlich zufriedenen Teams ein. Sich im Team wohlfühlen – das wünschen wir uns alle.

Paradox of Choice

Zu viele Optionen überfordern

Wer je versucht hat, in einer Drogerie das richtige Shampoo zu finden, weiß, was gemeint ist: Zu viele Optionen überfordern den Käufer. Berater und Beraterinnen sollten deshalb den Umfang ihres Angebots prüfen und möglicherweise begrenzen, um ihren Kunden die Kaufentscheidung zu erleichtern.

> **Beispiel:** Nur wenige Optionen zuzulassen, ist eine Möglichkeit. Alternativ kann ein Strategieberater einen Fragebogen anbieten, der Interessenten hilft, ihre Bedürfnisse zu ermitteln – und der zugleich einen Fingerzeig in Richtung einer möglichen Lösung gibt. Ein solches Angebot befreit den Interessenten davon, das eigene Anliegen analysieren zu müssen und mit den Angeboten des Beraters abzugleichen.

Anchoring

Menschen neigen dazu, den Preis anhand eines Ankerpunktes zu beurteilen.

Ankerpunkte zur preislichen Orientierung

> **Beispiel:** Leistungspakete in den Ausführungen „Standard", „Silber" und „Gold" hat jeder von uns schon einmal gesehen. Die Strategie zielt darauf, die Aufmerksamkeit des Kunden auf das mittlere Paket zu lenken: Mit dem kleinsten Paket könnte sich der Käufer womöglich als Geizhals outen. Das teuerste muss es aber auch nicht gleich sein. Also wählt der Kunde das mittlere.

Alternativ können Sie als Berater eine Preisspanne für Ihre Beratungsleistungen angeben, sofern dies sinnvoll und möglich ist.

Cognitive Ease

Leicht verständliche Informationen

Wenn Informationen so präsentiert werden, dass sie nur minimale kognitive Fähigkeiten erfordern, treffen Menschen Entscheidungen eher intuitiv. Achten Sie deshalb auf einfache Informationsangebote auf Ihrer Website.

> **Beispiel:** Versuchen Sie, Ihre Leistungen mit visuellen Darstellungen greifbar zu machen. Oder gibt es eine Metapher, ein Bild, ein Vergleich, der den Zugang zu Ihrer Leistung vereinfacht? Dies wäre ein sprachlicher Lösungsansatz.

Die gute alte FAQ-Liste gehört ebenfalls in diese Kategorie.

Delivery Friction

Aufwand für Anwender minimieren

Entscheidungen, die wenig Aufwand verursachen, fallen Menschen leichter. Als Berater und Beraterin sollten Sie auf die Nutzerfreundlichkeit Ihrer Seite achten und Reibungsverluste vermeiden.

> **Beispiel:** Sie bieten Webinare zum Kennenlernen an? Arbeiten Sie mit gängigen Tools, damit Ihre Teilnehmenden möglichst wenig Aufwand mit der Technik haben.

Das Google-Team hat mit Anzeigen und Websites experimentiert. Mit bekannten und unbekannten Marken und sogar mit fiktiven Anbietern: Der Einsatz der hier beschriebenen Abkürzungen wirkt. In vielen Fällen wechselten die Käufer von einer vormals bevorzugten Marke zu einer neuen.

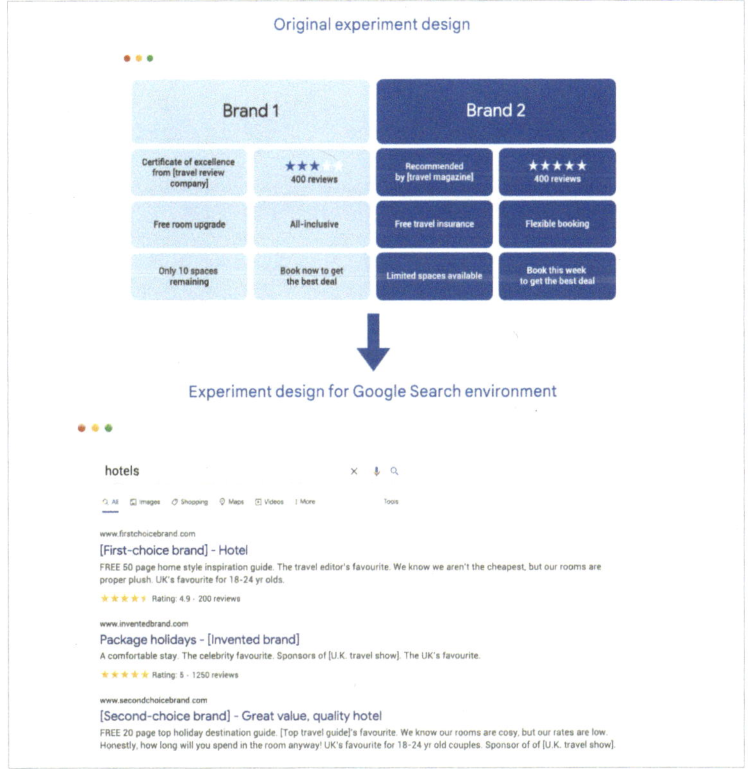

Abb.: Google untersuchte in einem Experiment den Erfolg von Marken. Das Ergebnis: Entscheidungsabkürzungen wirken stark: Stimmen die Signale, können unbekannte Marken bekannte Marken in der Konsumentengunst sogar aus dem Rennen schlagen. Auch dann, wenn sie erst an zweiter oder dritter Stelle in den Suchergebnissen stehen. (Quelle: Marketing in the messy middle. Part 2 of the Decoding Decisions series. Google, 2023.)

Der Einsatz dieser mentalen Abkürzungen soll Sie keinesfalls davon abhalten, eine Marke aufzubauen. Mit einer starken Marke und gezielt eingesetzten Biases erzielen Sie das beste Ergebnis.

Fazit: Ob B2B oder B2C – zu einem erfolgreichen Verkauf gehören Vertrauen, passende Informationen und natürlich ein Angebot, das der Kunde als attraktiv einschätzt.

B2C-Kunden mögen noch etwas wankelmütiger sein als B2B-Kunden. Grundsätzliche Widersprüche in den Wünschen und Erwartungen an Ihren Auftritt gibt es nicht. Auch nehmen B2B-Käufer Erwartungen aus dem Privatleben mit in den Beruf. Setzen Sie die Biases deshalb gerne auch auf B2B-Seiten ein.

Versuchen Sie umzusetzen, was aktuell für Sie möglich ist, und arbeiten Sie daran, weitere Biases für sich zu realisieren. Es lohnt sich!

03

Beispiel für den gelungenen Einsatz von Biases

Lernen Sie den Berater Oliver Schumacher kennen. Auf seiner Website finden Sie die Umsetzung einiger der wirkungsvollsten Entscheidungsabkürzungen.

Oliver Schumacher (*https://oliver-schumacher.de/*) hat die Entscheidungsabkürzungen auf seiner Website geradezu idealtypisch umgesetzt.

- **Emotional Priming:** Oliver Schumacher präsentiert sich als freundlicher, energiegeladener Trainer – wirksam, fundiert, bodenständig.
- **Framing:** Lösungen, wo andere längst aufgeben. Verbunden mit Freundlichkeit und Charme. Eine tolle Mischung.

- **Cognitive Ease:** Oliver Schumacher genügen sieben Punkte, um sein Leistungsfeld abzustecken.

- **Power of free:** Telefonakquise ist in den Vertriebsteams immer ein heißes Thema. Hier können sich Interessierte per Video gleich Informationen holen und sich mit Oliver Schumacher als Person und mit seinem Angebot vertraut machen.

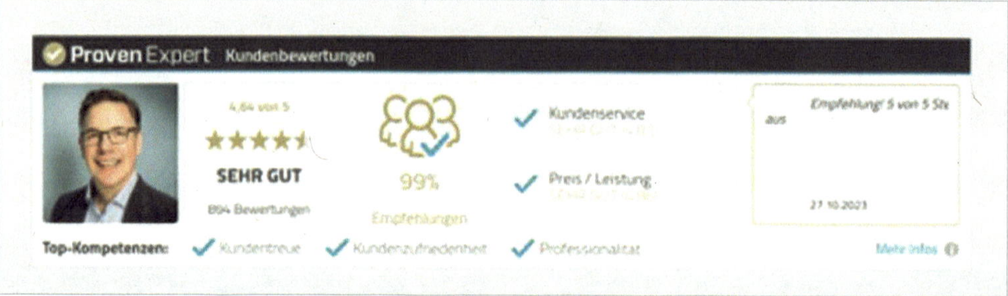

- **Social Proof:** Bei Proven Experts kann er auf ein „Sehr gut" verweisen.

- **Paradox of Choice:** Oliver Schumacher ist zeit seines Lebens im Vertrieb tätig gewesen und hat mit Sicherheit in jeden Winkel des Vertriebs gesehen. Ich kenne ihn persönlich. Doch seinen Kunden macht er es leicht. Es gibt genau drei Angebote: Training, Speaking, Coaching. Und Schluss.

- **Power of now:** Der Button zur Kontaktaufnahme läuft auf der Webseite mit: Das Kennenlerngespräch ist nur einen Klick entfernt.

▶ **Social Proof:** Kundenstimmen dürfen nicht fehlen.

▶ **Authority Bias:** Wer in der Wirtschaftswoche etwas veröffentlichen darf, muss eine wichtige Stimme sein.

Lassen Sie sich von der Oliver-Schumacher-Seite inspirieren, wenn Sie darangehen, Ihre eigene Seite zu planen.

Abschnitt 2

Wie Google Ihre Webseite sieht

SEO ist für Sie vielleicht nicht das spannendste Thema. Aber es ist wichtig, wenn Sie Ihre Webseite in den Suchergebnissen von Google sichtbar machen möchten. In diesem Kapitel erfahren Sie:

- Was SEO ist
- Was sich hinter den E-E-A-T-Kriterien und YMYL verbirgt
- Wie Sie die wichtigsten SEO-Regeln befolgen, um Ihr Ranking zu verbessern

04 Suchmaschinenoptimierung (SEO) – Die Basics 77
05 Sechs Empfehlungen für Ihren Umgang mit Google 80

04

Suchmaschinenoptimierung (SEO) – Die Basics

Wie Ihre Website in den Suchergebnisen von Google & Co. möglichst höher rankt als die Ihrer Wettbewerber.

SEO bedeutet, Ihre Website so zu optimieren, dass sie von Ihren Kunden und Kundinnen gefunden wird, wenn sie sich für Ihre Leistungen interessieren. Das ultimative Ziel dabei ist, dass Ihre Website bei relevanten Suchanfragen auf den vorderen Plätzen der Suchergebnisseiten (SERPs) erscheint.

Eine durchdachte SEO-Strategie kann maßgeblich dazu beitragen, dass Ihre Website in den Suchergebnissen von Google und anderen Suchmaschinen höher rankt als die Ihrer Mitbewerber. Das wiederum bedeutet, dass mehr potenzielle Kunden und Kundinnen Ihre Website entdecken und bevorzugt Kontakt zu Ihnen aufnehmen.

E-E-A-T: Die Grundlagen für SEO

E-E-A-T steht für Erfahrung, Expertise, Autorität und Vertrauenswürdigkeit (Trustworthiness). Google interpretiert die Begriffe so:

E-E-A-T – Erfahrung, Expertise, Autorität, Vertrauenswürdigkeit

Erfahrung

Google legt großen Wert darauf, dass Websites mit umfassender Erfahrung ein besseres Ranking erhalten als andere. Die Erfahrung sollte sowohl vertrauenswürdig als auch relevant sein, und zwar aus der Sicht der Besucher und Besucherinnen.

Google bevorzugt Websites, die schon lange im Netz sind und eine breite Palette an qualitativen Inhalten bieten. Um dies zu erreichen, sollte Ihre Website eine Vielzahl an relevanten Inhalten und stets aktuelle Informationen bieten. Persönliche Erfahrungen sind dabei ein überzeugendes Element für den Google-Algorithmus.

Viele für Kunden relevante und aktuelle Informationen

- Veröffentlichen Sie Artikel und Blog-Beiträge, die Ihr Wissen und Können zeigen.
- Teilen Sie Ihre Erfahrungen mit Kunden und Kundinnen in Projektberichten.

Expertise

Hochwertige und vertrauenswürdige Inhalte

Expertise betont das Fachwissen zu einem bestimmten Bereich. Um als Experte wahrgenommen zu werden, sollte Ihre Website hochwertige, vertrauenswürdige und informative Inhalte liefern, die den Bedürfnissen Ihrer Besucher und Besucherinnen entsprechen. Je breiter das inhaltliche Feld ist, das Sie bearbeiten, desto schwieriger ist es, als Experte bewertet zu werden.

Demonstrieren Sie Erfahrung und Expertise, etwa mit:

- Autorisierten Zertifikaten oder einem Diplom.
- Referenzen von Kunden oder Partnern.
- Mitgliedschaft in einer Fachorganisation.
- Publikationen in Fachzeitschriften.
- Hochwertigen Inhalten, die etwa auf aktuellen Forschungsergebnissen basieren.

Verweisen Sie außerdem auf seriöse Quellen, um Ihre Aussagen zu untermauern. Im Allgemeinen gilt die Empfehlung, mit Fachbegriffen und Fachjargon vorsichtig zu sein, da die Verständlichkeit von Texten darunter leidet. Wenn Sie sich jedoch an ein Fachpublikum wenden, streuen Sie Fachbegriffe gelegentlich ein, um Ihre Vertrautheit mit der Szene zu demonstrieren.

Autorität

Messbare Bestätigung steigert Ihre Glaubwürdigkeit

Autorität steht für Reputation und Glaubwürdigkeit. Eine Website mit hoher Autorität wird von anderen Websites verlinkt und von der Online-Community (User und Suchmaschinen) als vertrauenswürdig angesehen. Backlinks von vertrauenswürdigen Quellen sind ein wichtiger Faktor für die Autorität einer Website.

Gewinnen Sie Autorität durch:

- Backlinks von vertrauenswürdigen Websites.
- Preise oder Auszeichnungen.
- Teilnahme an Konferenzen oder Seminaren.
- Zusammenarbeit mit Experten.

Eine starke Autorität verschafft Ihrer Website nicht nur mehr Sichtbarkeit, sondern stärkt auch das Vertrauen Ihrer Besucher und Noch-nicht-Kund:innen. Arbeiten Sie kontinuierlich daran, Ihr Netzwerk auszubauen, um sich als vertrauenswürdige Quelle in Ihrer Branche zu etablieren.

Vertrauenswürdigkeit

Das Kriterium der Vertrauenswürdigkeit bezieht sich auf die Zuverlässigkeit und Integrität einer Website. Es umfasst Aspekte wie Sicherheit,

Datenschutz, Transparenz und Kundenerfahrungen. So steigern Sie Ihre Vertrauenswürdigkeit auf allen Ebenen:

Steigern Sie Ihre Vertrauenswürdigkeit auf allen Ebenen

Kennzeichen vertrauenswürdiger Websites sind:
- Die Abwesenheit aufdringlicher Werbung.
- Ein SSL-Zertifikat für eine sichere Verbindung zwischen Website und einem Browser.
- Eine gute Page Experience (und generell User Experience).

Unternehmen belegen ihre Vertrauenswürdigkeit so:
- Positive Google-Bewertungen und Rezensionen.
- Eine positive Wahrnehmung der Marke auch außerhalb der Website.
- Eine aussagekräftige „Über uns"-Seite.
- Siegel, Auszeichnungen und Zertifikate.

Diese Zeichen zeigen vertrauenswürdige Inhalte auf einer Website an:
- Seriöse Quellennachweise.
- Klare Angabe von Autoren und Autorinnen.
- Angabe des Veröffentlichungsdatums (insbesondere bei Themen, für die Aktualität wichtig ist).

Vertrauen auf allen Ebenen zu schaffen, ist wichtig, um Besucher und Besucherinnen zu überzeugen und langfristige Beziehungen aufzubauen.

YMYL – „Your Money, your Life"

YMYL-Themen sind solche, die besonders streng bewertet werden. Gemeint sind Themen, die die Gesundheit, finanzielle Stabilität und die Sicherheit in Gefahr bringen können – von Individuen, Gruppen oder der ganzen Gesellschaft. Das mögliche Schadenspotenzial bestimmt, wie streng eine Website bewertet wird.

Sensible Themen werden besonders streng bewertet

Beispiele für YMYL-Themen sind:
- **Gesundheit:** Krankheiten, Medikamente, Ernährung, Fitness
- **Finanzen:** Geldanlage, Versicherungen, Steuern
- **Rechtsberatung:** Recht, Gesetze, Verträge
- **Bildung:** Schule, Studium, Beruf
- **Reisen:** Reiseziele, Unterkünfte, Verkehrsmittel
- **Ernährung:** Lebensmittel, Kochen, Diäten
- **Versicherungen:** Versicherungen, Schadensfälle, Rechtsschutz

Auch Berater-Websites können demnach betroffen sein. Wenn Ihr Arbeitsfeld den YMYL-Bereich berührt, gehen Sie besonders sorgfältig mit den E-E-A-T-Kriterien um.

05

Sechs Empfehlungen für Ihren Umgang mit Google

So betonen Sie Ihre Erfahrung, Expertise, Autorität und Vertrauenswürdigkeit und optimieren die Suchmaschinenbewertung Ihrer Website.

Auch für diejenigen, die keine YMYL-Website betreiben, ist es vorteilhaft, die E-E-A-T-Regeln zu befolgen.

Sechs grundlegende E-E-A-T-Regeln

- **Gesamtkunstwerk Website:** Betrachten Sie Ihre Website als Einheit. Definieren Sie Ihr zentrales Thema, und sorgen Sie dafür, dass jede Seite, sei sie statisch, ein Blog-Artikel oder ein sonstiger Inhalt, zu diesem Hauptthema beiträgt. Wenn Sie eine ältere Webseite überarbeiten, sollten Sie prüfen, welche älteren Inhalte nicht mehr zu Ihrem aktuellen Auftritt passen.

- **Zusammenarbeit mit Experten und Expertinnen:** Wenn Sie Themen behandeln, die am Rande Ihres Hauptthemas liegen, arbeiten Sie mit Experten und Expertinnen zusammen. Integrieren Sie Gastartikel und andere Gastinhalte oder lassen Sie Ihre Texte von Experten und Expertinnen prüfen. Es ist wichtig, dass diese Personen namentlich als Autoren, Co-Autoren oder beratende Experten genannt werden.

- **Suchintention:** Was ist die Suchintention Ihres gewünschten Publikums? Überlegen Sie, wie Ihre Zielgruppe sucht, und was sie wissen möchte. Die Bedürfnisse des Publikums können sich oft von dem unterscheiden, was uns als Experten wichtig erscheint.

- **Themen-Cluster statt singulärer Artikel:** Verabschieden Sie sich von der Idee, mit vereinzelten Artikeln das Ranking Ihrer Website zu gestalten. Bauen Sie stattdessen Themen-Cluster mit sechs, sieben oder mehr Artikeln auf, die auf eine übergeordnete Seite („Pillow Page") verweisen.

- **User Experience:** Achten Sie auf die User Experience. Ihre Website sollte in weniger als zwei Sekunden geladen sein, über ein SSL-Zertifikat verfügen und logisch sowie übersichtlich gestaltet sein. Folgen

Sie am besten bewährten Aufbau- und Strukturmustern, da sich Ihre Besucher und Besucherinnen an sie gewöhnt haben und gut mit ihnen zurechtkommen.

- **Quellen:** Die Vertrauenswürdigkeit Ihrer Seite zeigt sich auch im Umgang mit Quellen. Wählen Sie Quellen sorgfältig aus und verweisen Sie auf den Ursprung, wenn Sie Inhalte oder Gedanken übernehmen.

Wenn Sie tiefer in das Thema einsteigen möchten, werfen Sie einen Blick auf die unten aufgeführten Quellen. Oder noch besser: Wenn SEO einen zentralen Bestandteil Ihrer Vermarktung ausmacht, wenden Sie sich zunächst an einen SEO-Profi, bevor Sie Ihre Texte angehen. Ein Profi hilft Ihnen, relevante Suchbegriffe zu definieren, die von Ihren Kunden gesucht werden und zugleich im Wettbewerb nicht zu stark umkämpft sind, um attraktive Plätze in der Google-Suche zu erreichen.

Zum Weiterlesen

- Google E-E-A-T: Bedeutung für SEO, Faktoren & hilfreiche Fragestellungen: *https://camedia.de/googles-e-e-a-t-bedeutung-seo/*

- E-E-A-T SEO: Erklärung, SEO-Relevanz & Tipps: *https://omr.com/de/reviews/contenthub/eeat-seo*

Wenn Sie Ihre SEO-Optimierung selbst in die Hand nehmen möchten, starten Sie doch einfach hier:

- Googles SEO-Guidelines: „Startleitfaden zur Suchmaschinenoptimierung (SEO)“: *https://developers.google.com/search/docs/fundamentals/seo-starter-guide?hl=de*

- Search Engine Journal: „SEO for Beginners: An Introduction to SEO Basics“: *https://www.searchenginejournal.com/seo/*

- HubSpot: „SEO: Ein umfassender Leitfaden“: *https://blog.hubspot.de/marketing/seo-leitfaden*

Abschnitt 3

Ihre Ziele: Die Rolle Ihrer Website in der Kundengewinnung

Mit Ihrer Website können Sie einiges mehr erreichen als „nur" neue Kunden zu gewinnen. Sobald Sie sich der Ziele bewusst sind, die Sie mit Ihrer Site verfolgen, können Sie die richtigen Vermarktungswege einleiten. In diesem Abschnitt dreht sich alles um Ziele und Vermarktung:

- Warum Sie überlegen sollten, was Sie mit Ihrer Website erreichen wollen
- Welche Vermarktungsmöglichkeiten es gibt und wie Sie herausfinden, welche zu Ihnen passen
- Welche Denkfallen in der Selbstvermarktung Sie umgehen können

06 Wozu brauchen Sie noch eine Website? 83
07 Die Website im Verkaufsprozess 87
08 Worauf kommt es denn nun an? 91

06

Wozu brauchen Sie noch eine Website?

Vier Gründe für eine Website und drei, noch einmal darüber nachzudenken.

LinkedIn, Facebook, YouTube & Co.: Die großen, etablierten Social-Media-Plattformen bieten uns Selbstständigen alles, um uns und unsere Leistungen umfassend vorzustellen.

Wozu sollten Sie dann noch eine Website aufbauen? Eine Website aufzubauen und aktuell zu halten, kostet schließlich einiges an Zeit, Energie und oft auch Geld.

In diesem Kapitel geht es um starke und weniger starke Gründe für eine Website als Entscheidungshilfe für Ihr Business.

Vier Gründe für eine eigene Website

Unabhängigkeit

In den vergangenen Jahren haben wir Social-Media-Plattformen kommen und gehen sehen. Oder sie haben ihren Charakter derart verändert, dass wir sie kaum noch wiedererkennen. Denken Sie an XING, Twitter oder Google+.

Machen Sie sich unabhängig von Social Media

Bei den übrigen Plattformen wie LinkedIn und YouTube sinkt die organische Reichweite schon seit Jahren (siehe auch: LinkedIn-Studie 2024). Schließlich sind die Nutzungsbedingungen im Einzelfall fraglich: In Bezug auf Hass und Hetze sind Regeln mehr als wünschenswert. Doch wenn der Algorithmus ein manipulatives Klickverhalten zu erkennen meint und das Konto sperrt, ist guter Rat teuer.

Dauerhaft von einer Plattform abhängig zu sein, birgt deshalb Risiken. Auf den Social-Media-Plattformen sind wir alle Gäste. Es mag sein, dass wir uns eines Tages nicht mehr willkommen fühlen. Wer dann auf nur einen Gastgeber gesetzt hat, hat es schwer.

Offenheit

Erreichbar für alle

Eine Website ist für wirklich jeden Interessenten erreichbar, ein Social-Media-Profil nicht. Auch wenn Sie mit einer Social-Media-Plattform wirklich viele mögliche Kunden erreichen können: Einige erreichen Sie darüber nicht. Ohne Website sind Sie für diese Interessenten nicht existent.

Gewohnheit

Gerade im B2B-Geschäft gehören Websites einfach dazu. Sie sind eine gelernte Anlaufstelle. In der „B2B Buyer Behavior Survey" haben die Autoren B2B-Käufer gefragt, wie sie in eine Anbieter-Recherche einsteigen (Demand Gen Report, 2022).

- 52 Prozent der B2B-Buyer starten mit einer Websuche.
- 36 Prozent starten mit einer Verkäufer-Seite.
- 26 Prozent starten mit einer Review-Seite.

Vertrauenswürdige Unternehmen haben eine Webpräsenz

Je jünger die Käufer, desto eher beziehen sie Social-Media-Plattformen für ihre Recherche ein. Doch Stand heute muss man sagen: Im B2B-Geschäft ist die Website noch immer ein wichtiger Informationspunkt, an dem erwartungsgemäß alle Informationen zusammenlaufen. In einer meiner Umfragen bei LinkedIn brachte eine Teilnehmerin das Thema „Vertrauenswürdigkeit" in die Diskussion ein. Unternehmen ohne Webpräsenz haften nach ihrer Auffassung eine Anmutung des Unseriösen an. Ein spannender Aspekt, finde ich, der auf das Thema „Erwartung" einzahlt.

Individualität

Auch wenn uns die Social-Media-Plattformen umfangreiche Angebote machen, uns zu präsentieren: Eine Website kann mehr.

Individuelle Präsentation

Fotos, Schriften und Farbigkeit holen Ihre Besucher und Besucherinnen emotional ab. Knappe, gut geschriebene Texte informieren auf den Punkt. Bewertungssterne, Kundenstimmen und andere Trusts bauen Vertrauen auf.

Drei Gründe gegen eine eigene Website

Sie sehen: Ich bin definitiv für eine Website. Und dennoch: In diesen drei Fällen würde ich noch einmal eine Runde nachdenken: Drei fragwürdige Motive für eine Website.

Sie brauchen eine Website, um zu starten.
Gelegentlich fragen mich Existenzgründer an, eine Website mit ihnen zu entwickeln. Jedes Mal ist mir unwohl, denn ich weiß genau, wie sehr sich das Geschäft in den ersten beiden Jahren noch verändern kann. Existenzgründer laufen Gefahr, ihr wertvolles Startkapital zu vergeben und dann doch mit leeren Händen dazustehen.

Zuerst das Netzwerk, dann die Website

Für den Start brauchen Sie vorrangig ein gutes Netzwerk. Menschen, die Sie eh schon kennen und die Ihnen vertrauen. Sie sind die Quelle für Ihre ersten Aufträge und Erfahrungen als Selbstständige oder Selbstständiger. In dieser allerersten Phase genügt eine sorgfältig ausgefüllte Präsenz auf einer Social-Media-Plattform Ihrer Wahl.

Sollten Sie sich dennoch für eine Website entscheiden: Denken Sie die mögliche Veränderung mit.

Sie brauchen eine Website, um Ihre geschäftliche Identität zu entwickeln.
Wie gut hat es ein Handwerker! Abends weiß er, was er getan hat. Und wenn er von seiner Arbeit spricht, kann sich jeder vorstellen, was gemeint ist.

Ganz anders ist es im Beraterbusiness. Wir sind frei, unser Geschäft zu designen. Das ist großartig, macht das Business allerdings nicht leichter.

Wer wollen Sie sein? Worin liegt Ihre Leistung? Weshalb sollte jemand Sie buchen? Der Aufbau einer Website mit all den Entscheidungen über Fotos, Design und Text ist eine Art, sich mit dem eigenen Geschäft auseinanderzusetzen und das eigene So-Sein zu festzulegen.

Definieren Sie erst Ihr Business, bevor Sie sich im Design verlieren

Sich auf diesen Prozess einzulassen, kann ein guter gedanklicher Weg sein. Es besteht jedoch die Gefahr, sich zu verlaufen und Nebenschauplätze zu bespielen. Hier denke ich besonders an die Verliebtheit in die Ästhetik. Doch Vorsicht: Die Ästhetik einer Website ist kein Garant für die verkäuferische Wirkung.

Wenn es Ihnen schwerfällt, in knappen Sätzen zu formulieren, wer Sie in Ihrem Business sind, wen Sie erreichen möchten und weshalb man Sie buchen sollte, ist eine Positionierungsberatung meist der bessere erste Schritt.

Sie brauchen eine Website, um gefunden zu werden.
„Lass mich doch mit der Akquise in Ruhe. Ich möchte von meinen Kunden gefunden werden." Ach ja, den Wunsch verstehe ich von ganzem Herzen.

Es ist so schön, wenn eine Gesprächsanfrage einfach so ins Haus schneit. Aber wissen Sie was: Mit einer Website alleine wird das nichts.

Eine Website allein lockt noch keine Kunden

Wie lernen Sie neue Interessenten kennen? Wie machen Sie sie mit Ihnen und Ihrem Angebot vertraut? Wie führen Sie sie zu Ihrem Geschäft? Diese Fragen müssen Sie beantworten und Ihre Website kann dabei eine wichtige Rolle spielen. Die alleinige Antwort ist sie jedoch nicht.

Überlegen Sie sich also, welche Rolle Ihre Website in Ihrem Kommunikationsprozess spielt und was Sie mit ihr erreichen möchten.

Ist eine Website für Sie die richtige Wahl?

Sie sehen: Generell spreche ich mich für eine Website aus. In einem etablierten Business ist sie fast immer eine sinnvolle Investition, um Sie und Ihr Angebot attraktiv und professionell zu präsentieren. In meiner Umfrage waren knapp 90 Prozent der Teilnehmenden der gleichen Auffassung.

Bevor Sie jedoch in eine Website investieren, sollten Sie sich folgende Fragen stellen:

Eine eigene Website – ja oder nein?

- Haben Sie bereits ein klares Bild von Ihrem Business und Ihrer Zielgruppe?
- Haben Sie ein Budget, um eine professionelle Website erstellen und pflegen zu lassen?
- Sind Sie bereit, Zeit und Energie in die Vermarktung Ihrer Website zu investieren?

Wenn Sie diese Fragen mit Ja beantworten können, fangen Sie an. Ihrem Website-Projekt steht nichts mehr im Weg.

07

Die Website im Verkaufsprozess

Kunden gewinnen mit Ihrer Website: So geht's!

Wenn Sie Kunden gewinnen wollen, kommt es ganz grundsätzlich auf drei Dinge an:

Dreiklang der Kundengewinnung

- Neue Kontakte gewinnen.
- Diese Kontakte mit Ihnen und Ihrem Angebot vertraut machen.
- Die Kontakte zum Kaufabschluss führen.

Häufig beobachte ich, dass Kunden nur einen oder zwei dieser Punkte bespielen. Dann allerdings bleibt der Verkaufserfolg aus.

Eine Website bindet Ressourcen, wir sprachen davon. Wenn Sie die Mühe auf sich nehmen, sollte die Website Ihre Kundengewinnung unterstützen und in den Dreiklang „kennenlernen, vertraut machen, verkaufen" eingebunden sein. Wie so etwas aussehen kann, sehen Sie hier:

Beispiel 1

Steigern Sie Ihre Bekanntheit durch Pressearbeit:
- Veröffentlichen Sie einen Presseartikel mit einem Link zu Ihrer Website.
- Bieten Sie auf Ihrer Startseite eine relevante Ressource zum Thema an (z.B. eine Checkliste).
- Nutzen Sie den Download der Ressource als Plattform, um zu einem Kennenlerngespräch einzuladen.
- So gewinnen Sie neue Interessenten und bauen Stück für Stück Vertrauen auf!

Beispiel 2

Verwandeln Sie Blogartikel in Leads:
- Teilen Sie auf Social Media einen spannenden Auszug Ihres Blogartikels mit einem Link zum vollständigen Artikel auf Ihrer Website.
- Bieten Sie im Anschluss an den Artikel oder in einem separaten Bereich weiterführende Informationen und Ihr Angebot an.

- So führen Sie Ihren Interessenten intuitiv durch den Prozess vom Kennenlernen bis zum Kaufabschluss – überwiegend mit Ihrer Website.

Beispiel 3

Generieren Sie Leads mit suchmaschinenoptimierten Blogartikeln:

- Bieten Sie in Ihren Blogartikeln wertvolle Inhalte an, die auf Ihre Zielgruppe zugeschnitten sind.
- Binden Sie – ähnlich wie im Beispiel 2 – weiterführende Informationen und Ihr Angebot ein und füllen Ihren Newsletter-Verteiler.
- Sorgen Sie mit diesem Modell für Sichtbarkeit in den Suchmaschinen. So werden neue Kunden auf Sie aufmerksam.

Beispiel 4

Verwerten Sie Ihr Vortrags-Know-how:

- Versprechen Sie Zuhörern Ihres Vortrags ein Goodie auf Ihrer Website.
- Nutzen Sie einen QR-Code, um sie auf eine spezielle Seite Ihrer Website zu leiten.
- Teilen Sie dort Ihre Ressource (z.B. ein Whitepaper) – und gewinnen Abonnenten für Ihren Newsletter.

So nutzen Sie Ihre Website, um neue Kunden zu gewinnen und Ihre Reichweite zu erhöhen!

Finden Sie Ihren persönlichen Erfolgsweg

Wie aber sieht der optimale Prozess für Sie aus? Um dies herauszufinden, lade ich Sie zu einer Übung ein. Ich nenne sie: „Weniger tun, mehr erreichen."

Die Übung geht auf einen Artikel in der Harvard Business Review zurück: „Want to be more Productive? Try Doing Less." (*https://hbr.org/2020/05/want-to-be-more-productive-try-doing-less*)

Die Übung zielt darauf ab, herauszufinden, wo für Sie persönlich der größte Hebel liegt, um ein Ziel zu erreichen.

Übung: „Weniger tun – mehr erreichen"

Nehmen Sie bitte ein Blatt Papier zur Hand und schreiben Sie auf die linke Seite alle kommunikativen Aktivitäten auf,

- die sie ausgeführt haben.
- die sie aktuell ausführen.
- die sie interessieren und die Sie vielleicht in Ihr Set aufnehmen möchten.

Schreiben Sie auf die rechte Seite Ihre größten Erfolge auf: Wie ist es Ihnen gelungen, Ihre besten und großartigsten Kunden zu gewinnen?

Versuchen Sie nun, eine Verbindung zwischen Ihren größten Erfolgen und Ihren Aktivitäten herzustellen. Welche Ihrer Aktivitäten zahlen auf Ihre Erfolge ein?

Für meine Person habe ich herausgefunden, dass Webinare und andere Veranstaltungen, in denen ich eine Übung vorstelle, besonders wirksam sind. Eine unerwartete Bühnenstärke? Eher nicht. Ich denke, dass sich mögliche Kunden und Kundinnen ein Bild von mir machen möchten. Beratung ist eben ein Vertrauensgut. Die Gründe sind eigentlich egal. Ich weiß, was funktioniert und darauf kommt es an.

Streichen Sie diejenigen Maßnahmen, die nach Ihrer Erfahrung nichts bewirken. Nehmen Sie eventuell eine Maßnahme in Ihr Kommunikationsset auf, die Sie neugierig macht und die Sie testen möchten. Prüfen Sie nun, ob die Aufgaben „kennenlernen, vertraut machen, zum Verkauf führen" in Ihrem Set vertreten sind. Falls nicht, wählen Sie eine Ergänzung aus.

Diese Übung habe ich schon mehrfach durchgeführt. Auf zwei mögliche Ausgänge möchte ich Sie hinweisen:

1. Empfehlungen

Wenn Sie herausfinden, dass Sie Ihre besten Kunden per Empfehlung gewinnen, ist dies ein zweischneidiges Ergebnis. Empfehlungen sind großartig. Doch auf sie zu warten, bringt Sie in eine passive Situation. Im Marketing geht es jedoch darum, aktiv Kunden zu gewinnen.

Aktive Wege des Marketings suchen

Sie haben nun zwei Möglichkeiten: Nehmen Sie Empfehlungen als Geschenk an, wenn Sie sie erhalten, und streichen Sie sie von Ihrer Maßnahmenliste. Welche anderen Wege möchten Sie beschreiten? Oder fragen Sie sich, wie Sie das Empfehlungsgeschäft aktiv ankurbeln können. Vielleicht suchen Sie sich gezielt Kooperationspartner, die Ihre Leistungen ergänzen? Dies wäre eine Möglichkeit.

2. Unscharfes Bild

In einem Fall konnte ich einer Teilnehmerin mit meiner Übung nicht weiterhelfen. Sie führt sehr viele unterschiedliche Maßnahmen durch und weiß nicht, welche davon am meisten fruchtet.

Ergebnisse messen

Wenn das Bild derart unscharf bleibt, hilft nur der Rückgriff auf Zahlen. Dann heißt es: Ergebnisse messen.

Entspannt und planbar: Tipps für eine stabile Auftragslage

Wenn Sie Ihr Geschäft auf dauerhaft solide Füße stellen möchten, ist ein systematischer Prozess aus „kennenlernen, vertraut machen, verkaufen" unabdingbar.

Systematisch auswerten und optimieren

Nur wenn Sie eine Abfolge beschreiben und befolgen, können Sie Variationen testen und mit der Zeit besser werden. Dieses Maß an Systematik empfinden viele als lästig. Sich dagegen zu entscheiden, bedeutet allerdings, nie zu wissen, was Ihnen und Ihrem Business guttut. Und stets mit einer schwankenden Auftragslage zu kämpfen.

Ein Prozess ist außerdem hilfreich, wenn Sie Ihre Kommunikation technisch unterstützen möchten. Digitalisierung und Prozesse sind zwei Seiten einer Medaille.

Wenn Sie sich für eine Systematik entschieden haben, geben Sie ihr Zeit. Auch das sehe ich immer wieder: Kunden machen einen Versuch und geben wieder auf, wenn es nicht sofort zu einer Resonanz kommt.

Wenn Sie möchten, blättern Sie noch einmal in den ersten Kapiteln dieses Buches. Es muss viel zusammenkommen, bis ein Kunde Ihre Leistung bucht: Kenntnis, Vertrauen, Verständnis, Budget, der richtige Zeitpunkt und eventuell die Überzeugung aller Kollegen und Kolleginnen.

Geduld und der richtige Zeitpunkt

Auch mir ergeht es so. Während ich diese Zeilen schreibe, kommt eine Anfrage nach einem weiterführenden Gespräch ein. Kennengelernt haben wir uns vor sechs Monaten. Das letzte Zusammentreffen war vor fünf Monaten. Danach herrschte Funkstille und der Interessent reagierte auch nicht auf meinen Versuch, das Gespräch wieder in Gang zu setzen. Jetzt sei die richtige Zeit, schrieb er mir. Das war der Punkt gewesen.

Tipp!

Machen Sie sich klar, wie Sie Ihre Kunden gewinnen wollen. Ihr Prozess darf einfach sein und digitale sowie analoge Maßnahmen miteinander verbinden. Die Hauptsache ist, dass Sie einen Anfang finden.

08

Worauf kommt es denn nun an?

Beraterin Lioba Heinzler stellt Ihnen typische Denkfallen in der Selbstvermarktung vor und bietet Ihnen passende Lösungsvorschläge.

In diesem Kapitel haben wir die Möglichkeiten einer Website beleuchtet und gleichzeitig ihre Grenzen aufgezeigt. Doch wie finden Sie nun den Weg zu einem lukrativen, stabilen Geschäft, das Sie obendrein noch mit Freude erfüllt?

Darf ich Ihnen meine geschätzte Kollegin vorstellen?

Sie ist eine Expertin auf diesem Gebiet und hat mir freundlicherweise einen Artikel zur Verfügung gestellt, der Ihnen wertvolle Einblicke und praktische Tipps auf dem Weg zu Ihrem eigenen Herzensprojekt bietet.

Gastbeitrag von Lioba Heinzler

Smart statt hart: Ein erfüllendes und stabiles Beratungsbusiness aufbauen.

Läuft Ihr Beratungsgeschäft nicht rund und Sie kämpfen, um sich über Wasser zu halten? Mir ging es lange auch so! Wenn die Auftragslage gut war, war ich gestresst, die Arbeit zu bewältigen. Wenn keine Aufträge eingingen, hatte ich noch viel mehr Stress.

Zwei Systeme für ein stabiles Business

Was ich in den letzten Jahrzehnten gelernt habe, ist, dass es nicht darum geht, einen Auftrag nach dem anderen an Land zu ziehen und abzuarbeiten. Es geht darum, ein System aufzubauen, das reproduzierbaren Umsatz generiert. Dafür braucht es ein Konzept, um neue Interessenten zu gewinnen und zu Kunden zu konvertieren.

Sie brauchen zusätzlich ein System, um sich von wichtigen, aber zeitraubenden Aufgaben zu entlasten, damit Sie sich auf Ihre wertschöpfenden Aufgaben konzentrieren können.

Der Aufbau dieser Systeme ermöglicht es mir, guten Gewissens Feierabend zu machen und die Zeit mit meiner Familie genießen zu können.

Im folgenden Artikel möchte ich Ihnen Denkfallen vorstellen, die mich lange begleitet haben und bei denen ich mir selbst im Weg stand. Ich hoffe, dass sie Sie zum Denken anregen und Sie sie schneller ablegen können, als es bei mir der Fall war.

Bevor ich mich damals selbstständig gemacht habe, habe ich mir natürlich Gedanken gemacht, was alles notwendig ist, um erfolgreich zu sein. Wichtig fand ich die Visitenkarte und das Briefpapier, das ich durch eine Designerin und mit viel Geld erstellen ließ. Damit fand ich mich bestens gerüstet für den großen und für mich mutigen Schritt zur Selbstständigkeit. Ich war bereit, den Erfolg und die Kunden zu begrüßen.

Denkfallen kosten Zeit und Geld

Rückblickend hatte ich nichts von dem erarbeitet, was ein Business stärkt. Ich bin davon ausgegangen, dass der passende Rahmen sicherstellt, dass der Umsatz kommt. Schließlich war ich gut ausgebildet, erfahren, nicht arbeitsscheu, liebte meine Arbeit und meine wenigen Kunden. „Es wird sich schon herumsprechen ...": Das war eine meiner ersten Fehlannahmen. Heute nenne ich sie Denkfallen. In den letzten 20 Jahren sind mir noch einige begegnet, die mich viel Geld und Zeit gekostet haben.

Auf den nächsten Seiten stelle ich Ihnen die wichtigsten Denkfallen vor, vielleicht finden Sie sich in ein paar der Fallen wieder ...

Denkfalle: Mehr Wissen löst mein Problem

Sich selbstständig zu machen, ist Furcht einflößend. Es gibt niemanden, der Ihnen sagt, was zu tun ist, wann Sie etwas richtig oder falsch gemacht haben. Aber absolut jeder in Ihrem Umfeld hat eine Meinung.

Sich sichtbar zu machen, öffentlich Fehler zu machen und trotzdem weiterzumachen ist schwer!

Sie haben sich als Berater oder Beraterin für den Weg in die Selbstständigkeit entschieden, weil Sie daran glauben, dass Sie mit Ihrem Wissen und Ihren Erfahrungen einen Mehrwert bieten können. Und Ihr Thema macht Ihnen Spaß! Es gibt also ein gutes, sicheres Gefühl, noch eine Weiterbildung zu besuchen, noch einen Abschluss zu machen oder ein Buch zu lesen, damit Ihnen niemand sagen kann, dass Sie nicht kompetent genug sind.

Doch neben dem Fachwissen brauchen Sie auch eine Menge Business-Knowhow. Da ich keinen Business-Hintergrund habe, habe ich mir die Business-Grundlagen selbst erarbeitet. Mir ist vieles gelungen. Jedoch entstand lange kein ganzheitliches, stimmiges Bild und es war sehr anstrengend.

Im Laufe der letzten 20 Jahre sind zudem eine Reihe digitaler Tools für das Online-Marketing hinzugekommen: Website, Blog, Social Media, E-Mail-Marketing, automatisierte Funnel. Einzelne Tools zu beherrschen, ist nicht ausreichend. Erst im Zusammenspiel dienen sie Ihrem Business.

Fragen Sie einen Fachexperten um Rat, verkauft er Ihnen womöglich das eigene Produkt als Lösung für Ihre Probleme, ohne dass es wirklich zu Ihnen passt. Die Gefahr ist groß, sich im Dschungel der Möglichkeiten zu verzetteln.

Oft haben Sie schon alle Werkzeuge an der Hand – setzen Sie sie ein!

Achtung: In der Selbstständigkeit haben Sie sich für stete Entwicklung und Weiterbildung entschieden. Doch seien Sie ehrlich zu sich: Bringt diese nächste Weiterbildung Ihr Business voran oder dient sie Ihrem trügerischen Gefühl von Sicherheit, indem Sie das verstärken, was Sie ohnehin schon hervorragend können? Ihr Business-Thema „perfekt" zu machen, wird Ihre Unsicherheit nicht wettmachen und Sie nicht zum Ziel führen.

▶ **Mein Resümee:** Es ist schon alles da, was Sie brauchen, um gutes Geld zu verdienen.

Denkfalle: Als Erstes brauche ich eine Website

Was ist das Ziel der Website? Neue, potenzielle Kunden sollen die Möglichkeit haben, Sie im Internet zu finden, sich über Sie zu informieren und ein Gefühl dafür zu bekommen, ob Sie als potenzieller Berater oder potenzielle Beraterin infrage kommen.

Dafür ist jedoch keine Website notwendig. Auch ich hatte die Idee, dass man mich über meine Website findet und dann bei mir kauft. Das hat in all den Jahren auch schon mal geklappt. Heute weiß ich, dass ich eine Menge vom Richtigen für die Suchmaschinenoptimierung tun muss, damit ich über meine Website gefunden werde. Die Suchmaschinenoptimierung ist ein langfristiger Weg der Kundengewinnung und bringt keinen kurzfristigen Umsatz.

Am Anfang ist weniger mehr

Starten Sie, statt mit einer umfangreichen Website, mit einer Visitenkarte oder einem One-Pager im Netz. Machen Sie sich erst an Ihre Website, wenn Ihre eine Zielgruppe und Ihr Hauptprodukt glasklar sind, Sie mit einigen Aufträgen Erfahrung gesammelt haben und erste Feedbacks von Kunden haben.

Tipp: Sie sind Profi in Ihrem Bereich. Deshalb: Lassen Sie Ihre Website auch von einem Profi aufsetzen. Dass Sie einen Text auswechseln, einen Termin ändern oder eine Landingpage neu gestalten können, ist prima. Das

Grundgerüst, die Updates, die Sicherheit und Sicherung und alle weiteren technischen Tiefen überlassen Sie besser Fachleuten. Bei der Erstellung und Überarbeitung von Websites gibt es viele Fallstricke, sie würden jedoch den Rahmen hier sprengen. Einige werden im Rest des Buches genauer erläutert.

▶ **Mein Resümee:** Ihre Website zum richtigen Zeitpunkt ist ein Asset, zu früh ist sie eine zeitliche und monetäre Fehlinvestition.

Denkfalle: Folge dem Branchenstandard oder den „Großen"

Als Supervisorin kenne ich schon seit über 30 Jahren das im Verband übliche Geschäftsmodell, einen Supervisionsprozess von 10 oder 15 Sitzungen zu verkaufen. Ich habe also von Anfang an, wie es heute heißt, Pakete verkauft. Doch dieses Geschäftsmodell wurde mit den Jahren immer schwieriger, weil die in der Branche üblichen Stundenpreise einer Vollselbständigkeit nicht gerecht werden.

Also stellte sich die Frage, welcher Ansatz sich besser eignet. In solchen Situationen orientieren wir uns gerne an den Großen unserer Branche und ahmen diese nach. Es ist jedoch ein Denkfehler, sich an den Großen zu orientieren, weil sie andere Grundvoraussetzungen haben.

Mir ging es auch so, als ein Profi 2003 meine erste Website erstellte und Typo3 nutzte, eine Technik, die viel zu groß für meinen Betrieb war: Die Website bot jegliche Optionen, von denen ich auch Gebrauch machte und Stunden und Tage damit verbrachte. Doch verkauft habe ich über die Website nie. Über 10 Jahre später wurde die Website mit neuer Technik neu aufgesetzt, um danach festzustellen, dass sie den neuen Anforderungen des Online-Marketings nicht gerecht wurde.

Orientieren Sie sich am eigenen Business

Das war der Startpunkt, mich intensiv mit Business-Entwicklung und -Umbau zu beschäftigen. Ich wollte die Puzzleteile meines Business verstehen und dann überlegen, welche anderen Ansätze und Geschäftsmodelle es gibt, die zu meinen Kunden und zu mir passen.

Heute habe ich Lösungen: Für Change-Prozesse in Unternehmen oder den Generationswechsel in Unternehmerfamilien gibt es einen Productized Service. Das heißt, es ist ein Paket meiner Leistung im Zusammenhang einer Zukunftswerkstatt zu einem Festpreis.

Zudem startete ich während der Pandemie mit einem Online-Business-Programm für Unternehmerinnen. „Die Zukunftsunternehmerin

– Akademie & Community" umfassen heute unter dem Motto „Entspannt und erfolgreich Chefin sein" verschiedene Schwerpunkte.

Ich habe für mich Lösungen gefunden, aus dem klassischen Modell herauszukommen. Dieser Ansatz geht gegen die Norm, erhält aber tolles Feedback von den Kunden und ist ein Gamechanger für mich.

Wie könnte eine Lösung für Sie aussehen? Hinterfragen Sie Ihr Business-Modell und Ihre Prozesse – wo sehen Sie einen Mehrwert für Ihre Kunden und sich?

- **Mein Resümee:** Brechen Sie die branchenüblichen Muster: Ihr Business, Ihre Regeln.

Denkfalle: Verkaufen ist „Bäh!"

Bei Netzwerktreffen fällt es mir leicht, auf Menschen zuzugehen. Auch auf Social Media aktiv zu sein, meine Expertise und mich zu zeigen, geht mir leicht von der Hand. Deswegen habe ich insgeheim gehofft – vielleicht sogar erwartet – dass die Menschen einfach anrufen und sagen: „Ich hab ein paar Tausend Euro und will mit dir arbeiten". Ich dachte, es sei allen bewusst, dass ich mit meinem Programm und meiner Expertise echten Mehrwert bieten kann.

Aktiver Verkauf ist nichts Verwerfliches

Wenn Sie sich jetzt schlapplachen, verstehe ich das. Und ich weiß, dass ich nicht die Einzige in dieser Denkfalle bin. Es ist sicherlich ein Glaubenssatz von vielen von uns, dass Verkaufen nichts Ehrenwertes ist. Genauso wie ein „anständiges" Honorar zu verlangen. Doch was ist daran nicht ehrenwert, Mehrwert für Kunden zu schaffen und sich dafür entsprechend bezahlen zu lassen?

Nachdem ich verstanden habe, dass ich aktiv verkaufen muss, habe ich alles ausprobiert: Empfehlungsmarketing, Kooperationen, Telefonakquise von Profis und Mitarbeitenden, Direktmailings, digitale Online-Funnel. Dabei habe ich gelernt, dass sich meine komplexe Beratungsdienstleistung nicht automatisch und automatisiert verkaufen lässt.

Um Ihnen zu veranschaulichen, warum komplexe und strategische Beratungsdienstleistungen sich kaum automatisiert verkaufen lassen, nutze ich mein eigenes Business als Beispiel: Ich bin erfahren und sichtbar mit dem Thema „Unternehmensnachfolge". Dies ist ein strategisches, aber auch emotionales und manchmal unangenehmes Thema. Es stellt keine dringende Notwendigkeit dar, sich hier und heute damit zu beschäftigen, wie der Umgang mit der Pandemie oder Mitarbeitergewinnung im Kontext des Fachkräftemangels. Somit kann und wird das Thema häufig auf das folgende Quartal oder Jahr geschoben.

Gerade, wenn es um komplexe und erklärungsbedürftige Dienstleistungen geht, brauchen Kundinnen das Vertrauen in Beraterinnen, dass das Projekt gelingt. Wenn es dann noch emotionsgeladene Inhalte sind, wie Generationswechsel, Konfliktmoderation oder Paarberatung, ist es umso wichtiger, dass die Chemie stimmt und Vertrauen in die Expertise der Berater oder Beraterinnen vorhanden ist.

Mit persönlichen Verkaufsgesprächen Ihre Kunden erreichen

Ich kenne viele, die nach den aktuellen Regeln des Online-Marketings alles richtig machen und trotzdem nicht verkaufen. Meiner Erfahrung nach braucht es bei „kniffligen" Inhalten das persönliche Gespräch, um dem individuellen Bedürfnis des Interessenten gerecht zu werden. Nur in einem persönlichen Gespräch kann ich sowohl Konzept und Struktur vorstellen als auch zeigen, dass ich mich mit Herzblut engagiere, ermutige, unterstütze, engagiere und auch mal kritisches Feedback gebe: die Zutaten, damit Transformation, Entwicklung und Wachstum möglich sind.

Das heißt, dass sich 95 % dieser komplexen Dienstleistungen nicht automatisiert über die Website verkaufen. Egal, welche Tools Sie nutzen. Allerdings können verschiedene Ansätze wie Netzwerken oder digitale Technik helfen, sich das Verkaufen leichter zu machen. Auf jeden Fall gilt: Sie haben nur dann ein Business, wenn Sie systematisch verkaufen.

- **Mein Resümee:** Entweder Sie lieben das Verkaufen oder Sie manchen es sich zur Gewohnheit. Zähneputzen liebe ich auch nicht, ich mache es einfach.

Denkrichtung: Und was soll ich stattdessen machen?

Es gibt noch so viel mehr, was ich Ihnen an die Hand geben möchte und das Buch hier bietet auch viel Input, deswegen halte ich es kurz:

Download: 9-Schritte-Plan für ein profitables Beratungsbusiness

Ich wende für meine Kunden bzw. Kundinnen und mich das Modell der agilen, bedürfnisorientierten Produktentwicklung an. Ich habe es über Jahre erprobt und weiter verfeinert. Gerne können Sie sich den 9-Schritte-Plan in den Download-Ressourcen herunterladen.

Sie brauchen:
- Eine klare Zielgruppe (einen Avatar).
- Hypothesen, vor welchen Herausforderungen Ihre Zielgruppe aktuell steht.
- Ein Einstiegsprodukt.

Darin überlegen Sie sich:

- Wie Sie in ein paar Schritten vom Problem zur Lösung kommen.
- Welchen Wert die Lösung für den Kunden hat.

Suchen Sie sich Menschen, die zu der Zielgruppe gehören und interviewen Sie sie. Hinterfragen Sie Ihre Hypothesen und formulieren Sie Ihre Positionierung. Starten Sie, zu verkaufen.

Das sind die notwendigen Schritte. Aber wie immer ist die Theorie viel leichter als die Praxis. Bei der Umsetzung kommen uns die Denkfallen, eigenen Glaubenssätze und Unsicherheiten in die Quere.

Ihr Marktpotenzial und eine Umsatzstrategie ermitteln

Natürlich ist der Weg auch alleine zu schaffen. Ich habe für mich gelernt, dass es mit der richtigen Hilfe viel schneller geht und weniger Kopfschmerzen bereitet. Sie brauchen zu Beginn keine Website und keinen automatisierten Funnel. Sie brauchen einen Unternehmenscoach, der Sie und Ihre Stärken sieht. Denn was für Sie selbstverständlich ist und Ihnen leicht von der Hand geht, ist es für andere noch lange nicht. Ihr Coach muss Ahnung vom Potenzial auf dem Markt haben und mit Ihnen einen Plan entwickeln, wie Sie kurz- und langfristig systematisch Umsatz machen können.

Manche versuchen, ihr Business alleine zu sortieren. Das Wirrwarr im Kopf gleicht zu weich gekochten Spaghetti: Sie ziehen an einer Nudel und alles kommt mit. Oder anders gesagt: Sie können sich nicht selbst am Schopf aus dem Sumpf ziehen.

Ich hoffe, dieser Beitrag hat Ihnen geholfen und Sie schaffen es, ein paar meiner Denkfehler zu umgehen! Auf diesem spannenden und überwältigenden Weg der Selbstständigkeit wünsche ich Ihnen alles Gute!

Teil III

Ihre Website planen

Wie Ihnen ein Website-Auftritt gelingt, auf dem sich Kunden wohlfühlen und finden, was sie suchen

In diesem Kapitel lesen Sie

- wie Sie den Aufbau Ihrer künftigen Website angehen,
- wie Sie mit guter Optik punkten und
- wie Sie sich kundengerecht und mit Blick auf neue Aufträge präsentieren.

Abschnitt 1

Der Website-Projektplan

Die Entwicklung einer guten Website wird Sie vor einige Anforderungen stellen. Es lohnt sich daher, zunächst einen Plan über die wesentlichen Schritte zu erstellen. Eine gute Gelegenheit, sich über die eigenen Stärken und Besonderheiten bewusst zu werden.

- Wie Sie mithilfe eines Projektplans Ihr Website-Projekt in sinnvolle Schritte einteilen und so Zeit sparen
- Warum eine Positionierung immer noch wichtig ist und wie Sie die passende für sich festlegen oder aktualisieren
- Was eine gute Berater-Website enthalten sollte

01 Die 6 Schritte Ihres Projektplans 101
02 Ihre Positionierung 104
03 Von Homepage bis FAQ: Die wichtigsten Elemente einer Berater-Webseite 111

01

Die 6 Schritte Ihres Projektplans

In kürzester Zeit zur eigenen Webseite: So erstellen Sie mit einem klugen Projektplan effizient und schnell Ihre Online-Präsenz!

Vom ersten Schritt bis zu dem Moment, an dem Websites online gehen, dauert es oft Monate. So lange möchten Sie aber nicht warten? Hier ist mein Tipp: Machen Sie sich bewusst, welche Aufgaben Sie gleichzeitig angehen können und welche nacheinander erledigt werden sollten. Der folgende Projektplan soll Sie dabei unterstützen.

	Schritt 1	Schritt 2	Schritt 3	Schritt 4	Schritt 5	Schritt 6
Positionierung	X					
Ziele setzen		X				
Fotos		X				
Layout/Design		X				
Navigation/Struktur		X				
SEO		X				
Texte			X			
Umsetzung				X		
Feinschliff					X	
Kommunikation						X

Schritt 1: Planen

Positionierung

Von der Optik über die Fotos bis zum Text: Ihre Positionierung sorgt für einen Auftritt aus einem Guss. Sie gibt Auskunft über Ihre Kunden, Ihre Leistungen und darüber, wie Sie Ihre Kunden erreichen möchten. Ihre Positionierung sollte abgeschlossen sein, bevor Sie mit etwas anderem beginnen.

Schritt 2: Sammeln

Ziele, Fotos, SEO, Layout und Struktur

Sobald die Positionierung steht, können Sie sich mit den Zielen Ihrer Website auseinandersetzen: Was möchten Sie erreichen?

Gehen Sie außerdem Ihre Fotos an und erarbeiten Sie Ihr SEO-Konzept, wenn Sie eins benötigen.

Zugleich können Sie das Basis-System für Ihre Website installieren (lassen) und ein Layout auswählen. Stimmen Sie zudem Ihre Design-Vorgaben mit Ihrer Webdesignerin ab, wie Schriften oder die Farbigkeit.

In die zweite Phase gehören zudem Navigation und die Struktur Ihrer Website. Machen Sie sich bewusst, wie viele Seiten Ihre Website umfassen soll und wie Sie Ihre Inhalte anordnen.

Schritt 3: Texten

Textentwürfe und Meta Descriptions

In der dritten Phase geht's ans Texten. Ihr Texter oder Ihre Texterin benötigt Ihre Positionierung, Ihre SEO-Suchbegriffe und natürlich Ihr Briefing über die Inhalte. Denken Sie außerdem an die SEO-Titel sowie die Meta Descriptions, als Information für die Suchmaschinen.

Wenn Ihre Text-Begleitung schon einmal einen Blick auf das Design werfen kann – umso besser. Dann kann er oder sie beim Schreiben direkt das Design mitdenken.

Schritt 4: Umsetzen

Die Inhalte – notfalls Platzhalter – einstellen

Ihre Website nimmt allmählich Gestalt an. Sie oder Ihre Webdesignerin stellen die Inhalte in die Website ein. Fast immer fallen hier noch einmal Textanpassungen an, weil sich die Texte im Word-Dokument anders ausnehmen als auf der Website.

Arbeiten Sie einfach mit Platzhaltern, falls Ihre Fotos, Videos, Podcasts und Grafiken bis jetzt nicht fertig sind.

Schritt 5: Feinschliff

Letzte Korrekturen

Wenn alle Teile in die Website eingefügt sind, wird es Zeit für den Feinschliff. Bildet die Website ab, was Sie sich vorgestellt haben? Wenn nicht, ist jetzt noch einmal Zeit für kleine Korrekturen.

Am besten lassen Sie Ihre Website von einer dritten Person auf Fehler lesen. Alle übrigen Beteiligten haben bis hierher so viel Zeit mit Ihrer Seite verbracht, dass sie für Tippfehler vermutlich blind sind.

Kontaktdaten prüfen

Prüfen Sie unbedingt Ihre Kontaktdaten. Ausgerechnet hier schleichen sich häufig Fehler ein.

Schritt 6: Geschafft!

Ihre Website geht online. Herzlichen Glückwunsch! Berichten Sie von dem Ereignis, etwa in den Social Media, und lassen Sie sich feiern.

02

Ihre Positionierung

Aus der Masse herausstechen: Wie Sie Ihre Stärken und Erfahrungen in eine einzigartige Positionierung verwandeln, mit der Sie Ihre Kunden erreichen.

Eine gute Idee zur richtigen Zeit ist mächtig. Dies gilt auch für ein Angebot, das einen dringenden Bedarf am Markt deckt. Ist die Nachfrage größer als das Angebot, verkauft es sich fast von selbst.

Aus wirtschaftlicher Sicht wäre es sinnvoll, sich einfach auf die größten Nöte der Unternehmen zu konzentrieren. Doch begeistern Sie diese Aufgaben von ganzem Herzen? Denn auch die persönliche Motivation ist wichtig. Sie gibt Ihnen die Kraft, Ihr Angebot zu vertreten und in die Öffentlichkeit zu tragen. Wirtschaftliche Tragkraft und persönliche Motivation sind beide unabdingbar für Ihren Erfolg.

Wie also finden Sie zu einer (neuen) Positionierung?

Wirtschaft im Wandel – Chancen für Berater

Die Wirtschaft befindet sich in einem tiefgreifenden Wandel. Wo Veränderung ist, besteht Beratungsbedarf. McKinsey identifiziert folgende Transformationsthemen für Organisationen (McKinsey, 2023):

Transformationsthemen für Organisationen

- **Agilität:** Organisationen müssen schneller und flexibler werden, um auf Veränderungen reagieren zu können.
- **Digitalisierung:** Die Digitalisierung verändert die Art und Weise, wie Unternehmen arbeiten und Werte schaffen.
- **Arbeitsweise:** Die Arbeitswelt wird zunehmend hybrid und vernetzt.
- **Mitarbeiterbindung:** Unternehmen müssen Mitarbeitende gewinnen und binden, um erfolgreich zu sein.
- **Führung:** Führung muss sich an die neuen Herausforderungen anpassen.
- **Vielfalt und Inklusion:** Unternehmen müssen sich für Vielfalt und Inklusion einsetzen.
- **Gesundheit:** Unternehmen müssen die Gesundheit ihrer Mitarbeitenden fördern.

Diese Veränderungen erfordern neue Fähigkeiten und Kompetenzen von Unternehmen. Laut einer Studie von IBM (IBM, 2023) müssen in den kommenden Jahren 40 Prozent der Mitarbeiter und Mitarbeiterinnen umgeschult werden. Dies zeigt, dass der Bedarf an Weiterbildung und Beratung gewaltig ist.

Chance für Weiterbildungs- und Beratungsangebote

Auch eine Studie von Lünendonk weist auf Chancen hin, denn die Unternehmen wollen und müssen ihre Geschäftsmodelle stärker digitalisieren (Lünendonk, 2023). Darin können Sie sie unterstützen. Oder möchten Sie sich lieber auf die Internationalisierung konzentrieren? Oder, oder. Beratende, die sich auf Transformationsthemen spezialisieren, haben gute Chancen, erfolgreich zu sein.

Tipp!

Lassen Sie die Transformationsthemen auf sich wirken. Welches Thema bringt bei Ihnen eine Saite zum Klingen? Was könnte Ihre Spezialisierung für die nächsten Jahre sein?

Haben Sie etwas für sich entdeckt? Das ist großartig, wenn auch ungewöhnlich. Meist gehören eine gute Portion Recherche und Reflexion dazu. Wenn Sie sich unsicher sind, dann lesen Sie auch den nächsten Abschnitt.

Schritt für Schritt zu Ihrer Positionierung

Ich möchte Ihnen eine Möglichkeit vorstellen, sich zu positionieren, und zwar in zwei Schritten:

Schritt 1: Ihr persönliches SWOT-Modell

Vorgehen:

Brainstormen mit dem SWOT-Modell

- Laden Sie das SWOT-Modell von Big Name herunter und arbeiten Sie damit (*https://bigname.pro/personal-swot-matrix/*).
- Brainstormen Sie Ihre Stärken, Schwächen, Chancen und Risiken.
- Lassen Sie sich von der Anleitung und den Fragen auf dem Arbeitsblatt führen und verknüpfen Sie Ihre Stärken mit den Chancen am Markt.
- Erarbeiten Sie Lösungen für Schwächen und Risiken.

Das gewinnen Sie:

- Sie werden sich Ihrer Stärken bewusst und steigern Ihr Selbstbewusstsein. Das macht Spaß!

- Sie erkennen Marktchancen und verbinden diese mit Ihren Stärken. Das ist Ihr Auftakt für eine überzeugende Personenmarke.
- Sie benennen Herausforderungen und Schwächen und erarbeiten Lösungen. Das ist pragmatisch.

Tipp!

Das SWOT-Modell von Big Name ist spürbar in der Praxis erprobt, deshalb schätze ich es. Allerdings kann es sein, dass Sie sich in einem Workshop mit sich selbst im Kreis drehen. Daher ist es hilfreich, sich eine Außensicht einzuholen, etwa von einem Teammitglied, einer Vertrauten oder einem Berater.

Schritt 2: Das Personal Branding Canvas

Konkretisieren mit dem Branding Canvas

Vorgehen:

- Laden Sie das Personal Branding Canvas von Big Name herunter und arbeiten Sie damit (*https://bigname.pro/personal-branding-canvas/*).
- Bearbeiten Sie die Punkte 1 bis 10.
- Erarbeiten Sie Ihre Positionierung (Punkt 10) als Ergebnis Ihrer Vorüberlegungen.

Hinweis: Dieses Buch beschäftigt sich mit Websites. Der Punkt 11, „Kommunikation", schrumpft deshalb auf den einen Punkt, nämlich die Website, zusammen.

Auch bei diesem Schritt kann der Blick von einem Externen sehr bereichernd sein.

Der Test: eine Positionierung für Berater formulieren

Wie sieht es aus: Gelingt es Ihnen, Ihre neue Positionierung in einen einfachen Satz zu überführen?

Ihre Positionierung sollte klar und prägnant sein. Sie sollte sich auf die wichtigsten Vorteile für Ihre Kunden konzentrieren und sich vom Üblichen abheben. Können Sie spontan eine Positionierung für Ihr Unternehmen oder Ihre Dienstleistung formulieren?

Beispiel: Sie helfen Menschen, ihre Auftrittsangst zu überwinden, ohne langwierige Sitzungen.

Füllen Sie bitte eine der beiden Formeln aus:
- „Ich helfe Kunden, … zu erreichen, indem ich …"
- „Ich helfe meinen Kunden, … zu erreichen, ohne zu …"

Geschafft? Herzlichen Glückwunsch. In der Regel braucht es in paar Anläufe, bis die Formulierung sitzt. Zielkunden, Lösung, Vorteile: Eine gute Positionierung fasst alles in einem Satz zusammen.

Zielkunden, Lösung und Vorteile in einem Satz

Was ist, wenn sich der Markt ändert?

Vor knapp 20 Jahren, zu Beginn meiner Selbstständigkeit, war eine Positionierungsberatung eine recht handwerkliche Angelegenheit. Kunden wünschten sich vorrangig Können, Expertenwissen und Sicherheit. Daher war die Kompetenz und Erfahrung der Positionierungswilligen der entscheidende Startpunkt. Heute stellen Kunden zusätzliche Fragen, wie „Was leistet du für die Gesellschaft?" oder „Wie hilfst du mir, mich weiterzuentwickeln?".

Die Kommunikation spiegelt immer den Zeitgeist wider. Muster von vor zehn Jahren sind heute überholt. Und in zehn Jahren werden wir wieder anders über Positionierungen sprechen. Auch Positionierungsmodelle unterliegen einem Wandel.

Doch die Frage, „Wer bist du auf diesem Markt?", ist immer aktuell.

Welchen Sinn hat die Positionierung?

Sich zu positionieren und zu fokussieren, ist für Berater und Beraterinnen eine oft ungeliebte Angelegenheit. Wer lange genug selbstständig ist, baut fast zwangsläufig den wohlbekannten Bauchladen auf – eine vielfältige Mischung aus Erfahrungen und Kompetenzen, gewachsen in der Praxis. Über die Jahre ergibt sich eine vollgefüllte Schatztruhe aus Erfahrungen, Tools und Methoden. Weshalb sollte man diesen Schatz in der Kommunikation verstecken?

Es gibt einen wichtigen Grund: Die Positionierung ist die Antwort auf die erschlagende Fülle an Signalen, die uns umgibt: Informationen, Aufgaben, Probleme, Mitbewerber. Eine Positionierung muss knapp und überzeugend sein, damit sie im allgemeinen Rauschen an das Ohr Ihrer Noch-nicht-Kunden dringt.

Aus der Informationsflut hervorstechen

Mit der Positionierung heben Sie etwas hervor, das einzigartig ist und stellen es ins Licht. Dies tun Sie, um bei neuen Kunden „einen Fuß in die Tür" zu bekommen.

Sind Sie erst einmal in deren Haus, eröffnen sich neue Möglichkeiten. Denn Sie treffen immer auf Menschen und Organisationen in ihrer ganzen Vielfalt. Natürlich können und dürfen Sie helfen und eingreifen, wenn Sie Potenzial sehen, auch wenn das Thema nicht auf Ihrer Website ausgewiesen ist.

Wandel und Kontinuität verbinden

Die Positionierung regelmäßig aktualisieren

Wie häufig sollten wir als Berater und Beraterinnen unsere Positionierung aktualisieren? Bei einer LinkedIn-Stimmungsabfrage hat sich die Mehrheit für eine Anpassung der Positionierung alle drei bis fünf Jahre ausgesprochen.

Auch eine Umfrage, durchgeführt vom Zukunftsinstitut, zeigt in diese Richtung. Von so viel Aktualisierungsbereitschaft war ich überrascht. Andererseits: Die Umwelt ändert sich in rasantem Tempo – weshalb sollte die Positionierung davon ausgenommen sein?

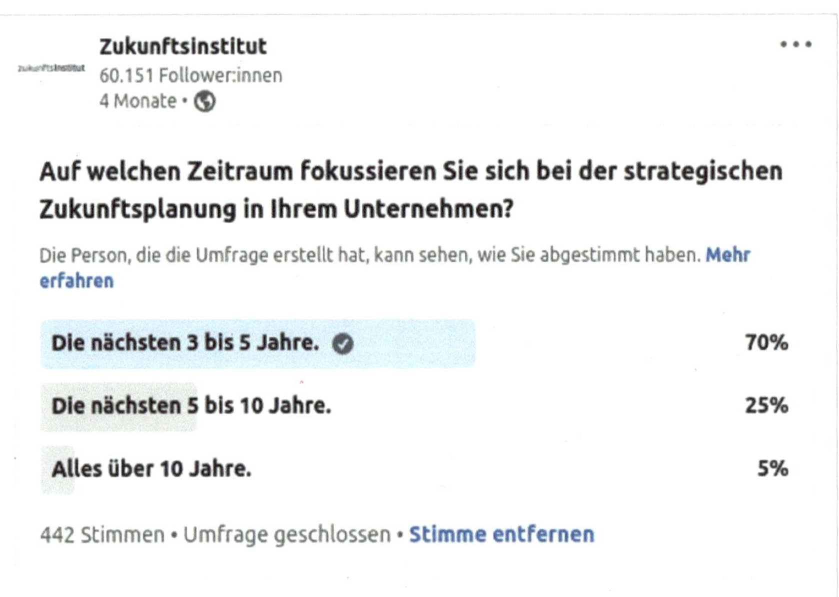

Abb.: LinkedIn-Umfrage des Zukunftsinstituts zu strategischer Zukunftsplanung in Unternehmen.

Kontinuität in der Kommunikation ist wertvoll. Bis Sie sich einem großen Kreis von Noch-nicht-Kunden mit Ihrer Kernbotschaft bekannt gemacht haben, vergehen Jahre. Häufige, radikale Wechsel in Ihrer Positionierung verwirren Ihr Publikum. Sie kosten auch Sie Kraft und strapazieren Ihr Budget.

Deshalb schlage ich Ihnen vor, Ihre persönliche Business-Geschichte fortzuschreiben und für einen überschaubaren Zeitraum etwas in den Vordergrund zu rücken, was in den Unternehmen aktuell gefragt ist und Sie zugleich motiviert. So bleibt Ihre Arbeit spannend und Sie authentisch.

Kontinuität beibehalten

Wie gelingt das?

Die Geschichte fortschreiben

Eine Positionierung schließt diese Punkte ein:

Eckpfeiler Ihrer Positionierung

- Ihr Publikum, Ihre Kunden: Wer sind Ihre Kunden? Was sind ihre Bedürfnisse?
- Ihr Beruf: Was tun Sie und wie tun Sie es?
- Ihre Kompetenzen: Was können Sie?
- Ihre Identität: Wer sind Sie?
- Ihre Glaubwürdigkeit: Weshalb sind Sie glaubwürdig?
- Ihr Markt: Auf welchem Markt sind Sie aktiv?
- Ihr Verkaufsversprechen: Was gewinnen Ihre Kunden mit Ihnen? Eine gute Positionierung fasst all dies knapp zusammen.

Überlegen Sie sich:

- Was möchten Sie verändern?
- Was bleibt gleich?

Denken Sie darüber nach, welche Teile Sie wirklich verändern möchten. Meist können Sie vieles übernehmen. So gelingt es, Ihre persönliche Geschichte fortzuschreiben, Ihr Standing am Markt beizubehalten und dennoch neue Wege zu gehen.

Beispiel

In der Praxis begegnet es mir oft, dass meine Kunden ein bestimmtes Thema über Jahre umtreibt. Zum Beispiel „Gehör für stille Menschen“ oder „Frauen in MINT-Berufen“.

Eine Expertin für Frauen in MINT-Berufen könnte ihr Kundenportfolio ausweiten, indem sie ihr Thema auf „Diversität in MINT-Berufen“ ausweitet. Ihre Identität, Glaubwürdigkeit, ihr Markt und ihre Kompetenzen blieben gleich.

In der Kommunikation lässt sich eine solche Anpassung leicht erklären: Dass sich Berater und Beraterinnen im Verlauf der Zeit verändern müssen, um aktuell zu bleiben, war schon immer richtig. In der Gegenwart gilt dies noch mehr.

Die Positionierung als Treiber für persönliches Wachstum

Es gibt zwei grundlegende Ansätze für die Entwicklung Ihrer Positionierung:

Ihre Positionierung entwickeln – zwei Ansätze

1. **Fokus auf bestehende Kompetenzen, Suche nach passenden Kunden.** Bei diesem Ansatz gehen Sie von Ihren bestehenden Kompetenzen aus und fragen sich, wer Bedarf daran hat. Sie wählen eine Zielgruppe aus und beantworten alle übrigen Fragen nach Kompetenz, Glaubwürdigkeit, Markt und Leistungsversprechen im Licht dieser Zielgruppe.

2. **Wer will ich sein?** Bei diesem Ansatz gehen Sie von Ihren Zielen aus: Wer möchten Sie in Zukunft sein? In diesem Fall beantworten Sie die Fragen nach Zielkunden, Profession, Kompetenz, Identität, Glaubwürdigkeit, Markt und Versprechen mit Blick auf Ihre Ziele. Was fehlt Ihnen zu Ihrem künftigen Glück? Es ist möglich und sogar wahrscheinlich, dass Sie für Ihre Neuausrichtung Kompetenzen aufbauen müssen. Das gehört dazu.

Wenn Sie sich auf Ihre Kompetenzen konzentrieren möchten, ist die Variante 1 die richtige. Wenn es für Sie Zeit für eine Weiterentwicklung wird, ist die Variante 2 die richtige für Sie.

Denkfalle: Selbstsuche ist keine Positionierung

Bitte versuchen Sie nicht, zuerst Ihr wahres, echtes Selbst zu erkunden und Ihre Positionierung darauf aufzubauen. Dieser Trend ist sehr in Mode, doch ich sehe darin einen Irrweg. Im schlimmsten Fall drehen Sie sich im Kreis, ohne eine Antwort zu finden. Ich habe einmal einen Mann kennengelernt, der bei der Suche nach seiner wahren Bestimmung die Rücklagen aus 30 Jahren Berufstätigkeit aufgebraucht hatte. Seinen Frieden hat er nicht gefunden. Was kein Wunder ist. Ihr Selbstbild kann sich dreimal am Tag ändern, abhängig von Ihren Erlebnissen und Gesprächspartnern. Es ist nichts Fixes.

Beim Personal Branding geht es (unter anderem) darum, Ihre Kompetenzen und Ihre persönlichen Stärken mit dem Bedarf am Markt in Übereinstimmung zu bringen. Diesen Ansatz halte ich für richtig und unterstütze ihn. Doch ich meine, wir sollten pragmatisch vorgehen und uns vor Überhöhung hüten.

Entwerfen Sie zwei, drei Szenarien und lassen Sie Ihre möglichen Zukünfte auf sich wirken: Welche Variante empfinden Sie als motivierend und reizvoll? Wo treffen Sie auf Kunden, die zu Ihnen passen und bei denen Sie glänzen können? Dort liegt Ihr Weg.

Wenn dann endlich Ihre Positionierung steht: Sie haben es geschafft. Ich wünsche Ihnen viel Erfolg!

03

Von Homepage bis FAQ: Die wichtigsten Elemente einer Beraterwebseite

Was benötigen Sie auf Ihrer Webseite, um als Beraterin oder Trainer online durchzustarten? Hier erfahren Sie, welche Elemente Ihre Webseite unbedingt benötigt – und welche zusätzlichen Elemente Ihre Webseite noch ein bisschen schicker machen.

Unbedingt notwendige Elemente

Die Must-haves für Ihre Website

Startseite/Homepage

Die Startseite (= Homepage) ist die erste Anlaufstelle Ihrer Website – der Empfang, wenn Sie so wollen. Ihre Besucherinnen nehmen sich zwei Sekunden Zeit, um sich zu orientieren. Bis dahin möchten sie wissen, was Sie anbieten und ob eine Zusammenarbeit generell infrage kommt. Fällt die Bewertung positiv aus, bleiben sie auf der Website.

Über-mich-Seite

Die Über-mich-Seite ist die zweitwichtigste Seite direkt nach der Homepage. „Über-mich" ist ein missverständlicher Begriff. Eigentlich sollte die Seite heißen: „Was mich qualifiziert und was uns verbindet." Ihre Besucherinnen möchten sich vergewissern, dass Sie gut in Ihrem Fach sind. Zugleich versuchen sie, ein Gefühl dafür zu entwickeln, ob die Chemie zwischen Ihnen beiden stimmt und ob Sie einen vergleichbaren sozialen Hintergrund teilen.

Angebote

Mit welchen Fragen/Wünschen/Problemen darf Ihre Kundin auf Sie zukommen? Wie helfen Sie ihr? Worin liegen die Vorteile Ihres Angebots? Wie kommen Sie zusammen? Dies sind die zentralen Fragen, die Sie auf Ihren Angebotsseiten beantworten sollten.

Kontakt

Ihre Kontaktdaten müssen Sie vollständig in Ihrem Impressum hinterlegen. Dies ist eine Pflichtangabe.

Die meisten Website-Designs sehen zusätzlich (ausgewählte) Kontaktdaten im Kopfteil der Website vor – und/oder im Fußteil. Der Vorteil: Ihre Kontaktdaten sind auf jeder Seite sichtbar.

Kundenstimmen

Kundenstimmen erzählen Ihren Website-Besuchern zweierlei:

- Ihre Leistungen sind bereits von anderen Kunden getestet worden.
- Und sie sind so zufrieden, dass sie öffentlich davon berichten.

Kundenstimmen sind für den Aufbau von Vertrauen wichtig. Zudem geben sie einen Vorgeschmack darauf, wie es ist, mit Ihnen zu arbeiten.

Auf Kundenstimmen sollten Sie auf keinen Fall verzichten. In der Beratung und im Coaching kollidiert diese Empfehlung häufig mit dem Gebot der Diskretion. Wenn es auch bei Ihnen so ist, können Sie Ihre Feedback-Geber anonymisieren.

Rechtliches

Ihre Website benötigt ein Impressum, eine Datenschutzerklärung sowie in den meisten Fällen ein Cookie-Consent. Wenden Sie sich in diesen Fragen bitte an einen Rechtsexperten oder nutzen Sie einen Online-Service wie e-recht24 (*https://www.e-recht24.de*).

Außerdem sinnvolle Elemente

Zusatzelemente für mehr Vertrauen

Kundenbewertungen

Kundenbewertungen sind eine sinnvolle Ergänzung zu Ihren Kundenstimmen. Viele Untersuchungen zeigen, dass sich Besucher anhand positiver Bewertungen für eine Zusammenarbeit entscheiden.

Siegel, Zertifikate, Mitgliedschaften

Auch Siegel, Zertifikate und Mitgliedschaften zahlen auf den Aufbau von Vertrauen ein.

Extras für mehr Kommunikation mit Ihren Kunden

Social Media Buttons

Ob Sie Social Media Buttons von Facebook, LinkedIn oder Instagram auf Ihrer Website hinterlegen, ist eine strategische Entscheidung: Wie möchten Sie den Dialog mit Ihren Noch-nicht-Kunden gestalten?

Möchten Sie sich mit Ihren Besuchern auf einer Social-Media-Plattform treffen, dann fügen Sie die entsprechenden Buttons ein. Wenn Sie anderen Kontaktwegen den Vorzug geben, lassen Sie sie weg.

Newsletter

Ja, der Newsletter. Bitte stöhnen Sie nicht gleich! Mithilfe von Newslettern können Sie Ihre Kommunikation kundenfreundlich und effektiv gestalten, noch immer.

Social-Media-Plattformen kommen und gehen, Ihr Newsletter bleibt. Er steht insofern für Unabhängigkeit. Machen Sie Ihren Besuchern ein attraktives Angebot, damit der Eintrag in Ihren Verteiler lohnt.

Vermutlich nutzen auch Sie einen Dienst eines Newsletter-Versenders. Der Anmeldedialog, die Verwaltung Ihrer Abonnentinnen und der Versand Ihrer Newsletter wird von der Plattform des Versenders gesteuert.

Es gibt viele Möglichkeiten, Ihre Website mit Ihrem Newsletter-Versender zu verbinden. In der Regel stehen Ihnen Pop-ups, QR-Codes oder Formulare zur Verfügung.

Blog

Zusatzinformationen steigern den Mehrwert Ihrer Site für Kunden

Ein Blog ist ein Bereich Ihrer Website, auf dem Blogartikel veröffentlicht werden. Denken Sie bitte nicht nur an Text: Alternativ oder ergänzend können Sie Grafiken, Fotos, Podcasts, Video und vieles andere mehr in Ihren Blog einstellen.

Bloginhalte sind deshalb attraktiv, weil sie eine andere Qualität von Informationen erlauben als die übrigen Inhalte auf Ihrer Website: Bloginhalte sind das ideale Format, um von Ihrer praktischen Arbeit zu berichten und einen Vorgeschmack darauf zu geben, wie sich die Zusammenarbeit mit Ihnen gestaltet. Sie können, müssen aber nicht regelmäßig publizieren. Auch eine Reihe von vier oder sechs Artikeln kann für Ihre Kunden spannend und wichtig sein.

Ressourcen

Halten Sie für Ihre Kunden Tipps, Entscheidungshilfen oder Anleitungen bereit? Meist werden diese als Whitepapers angeboten. Aber es gibt noch mehr: Denken Sie zum Beispiel an eine Podcast-Folge oder an eine Einführung in ein Thema, präsentiert als Artikelsammlung auf Ihrem Blog. Auch Ihre Ressourcen sollten einen Platz auf Ihrer Website bekommen.

Zeigen Sie Ihre Publikationen

Presse, Publikationen
Haben Sie Artikel in Fachzeitschriften und -magazinen veröffentlicht? Oder sind Sie für einen Blog oder Podcast interviewt worden? Legen Sie eine Seite „Presse" oder „Veröffentlichungen" an, um dort Ihre Publikationen und Auftritte zu hinterlegen.

Buch
Der Hinweis auf Ihr Buch oder Ihre Bücher sollte nicht fehlen, auch wenn Sie für Ihre Bücher externe Webseiten angelegt haben.

Verknüpfen Sie Ihren Buchtitel einfach per Link mit der Verlagsseite. Wenn Ihnen diese Variante als zu spartanisch erscheint, „spendieren" Sie Ihrem Buch eine eigene Seite auf der Website.

Tools für den direkten Kontakt

Kontaktformular
Kontaktformulare sind verbreitet, doch sie erfordern von Ihren Website-Besuchern, ihre Kontaktinformationen vollständig einzutippen. Ein Vorbild an Kundenfreundlichkeit ist das nicht gerade. Für Ihre Besucher ist es sehr viel komfortabler, eine E-Mail-Adresse oder einen Button anzuklicken, um ihre Nachricht im gewohnten E-Mailer zu schreiben.

Terminbuchung
Terminbuchungs-Tools sind ungemein praktisch: Geben Sie in Ihrem Kalender Termine frei. Ihre Gesprächsinteressentinnen stimmen die freien Termine mit den eigenen Termindaten ab. Sie beide treffen sich per Zoom oder anders, je nach hinterlegter Möglichkeit. Das lästige Hin und Her rund um die Terminabstimmung entfällt – und falls der Termin verschoben werden muss, gelingt auch das mit dem Tool. Ein bekannter Anbieter ist Calendly (*https://calendly.com/de*).

Chatbot
Auf Websites von Trainern und Beraterinnen sind Chatbots bisher noch selten. Doch das könnte sich schon bald ändern: ChatBase etwa liest die Inhalte Ihrer Website ein und stellt sie Ihren Besuchern zur Verfügung (*https://www.chatbase.co*).

Die guten alten FAQ

FAQ
Eine FAQ-Seite war bislang ein beliebtes Mittel, um eine Website mit Inhalten anzureichern und so für Google interessant zu machen. Mit Standard-In-

halten kann man Google heute allerdings nicht mehr überzeugen, zumal zunehmend Inhalte direkt in den Suchergebnislisten eingeblendet werden.

Eine FAQ-Liste ist und bleibt ein wertvoller Service für die Besucher, wenn es wirklich etwas zu erklären gibt. In diesem Fall sind FAQ weiterhin sinnvoll und zu empfehlen.

Shop/E-Commerce

Verkauf und kostenpflichtige Inhalte

Website-Systeme wie WordPress erlauben es, einen Shop auf der eigenen Website einzurichten und zu betreiben.

Für die meisten Beraterinnen und Trainer lohnt der Aufwand nicht. Sie haben nur wenige Artikel wie Bücher, Seminare oder Workshops im Angebot. Die meisten entscheiden sich deshalb für einen externen Service, das bedeutet: Der gesamte Verkaufsprozess ist ausgelagert. Entscheidet sich ein Kunde für eine Buchung oder für einen Kauf, klickt er auf einen Link und durchläuft auf der Seite des Service-Anbieters den Kaufprozess. Bekannte Beispiele für solche Service-Anbieter sind digistore24, CopeCart oder EloPage.

Preisschranke

Auf Websites von Beratern und Trainerinnen ist eine Bezahlschranke selten. Doch wenn Sie passionierter Autor sind und über ausreichend hohe Zugriffszahlen verfügen, können Sie entsprechende Bezahlschranken einbinden. Betreiben Sie eine WordPress-Seite, dann nutzen Sie einfach Plugins wie Leaky Paywall.

Abschnitt 2

Ihr Design und Layout

Beim ersten Besuch schenken Ihnen Ihre Besucher weniger als zwei Sekunden Aufmerksamkeit. Sie orientieren sich über den Inhalt und gewinnen einen raschen Eindruck, ob sie sich mit Ihrer Webseite wohlfühlen.

Nur wenig nehmen Ihre Besucher in dieser Zeit bewusst wahr, ein paar Schlagworte vielleicht. Im ersten Moment wirkt vor allem Ihr Webdesign: die Farbigkeit, die Übersichtlichkeit und die Botschaft Ihrer Abbildungen.

Design und Layout sind die Teile des Website-Projekts, die vielen Ihrer Kolleginnen und Kollegen am meisten Spaß machen. Erfahren Sie hier:

- Wie Sie mit Optik Glaubwürdigkeit und Nähe erzeugen
- Wie Sie Ihren Besuchern die Informationsaufnahme erleichtern
- Wie Sie fertige Designsysteme für sich nutzen können

04 Gutes Design holt Ihr Publikum bei den Emotionen ab 117
05 Webseiten von der Stange oder Maßschneiderei: Pro und Kontra .. 124
06 Die Inhalte und die Seiten festlegen 129
07 Viele oder wenige Informationen? 131

04

Gutes Design holt Ihr Publikum bei den Emotionen ab

Nun geht es um die Struktur und die Aufmachung Ihrer Website: Auch für das kleinere Budget ist inzwischen vieles möglich.

Sie erinnern sich an Teil I: Websites sind in der Lage, die Aufmerksamkeit Ihrer Besucher und Besucherinnen zu wecken und emotional zu binden. Jeder Designer fragt Sie deshalb nach den Wünschen, Träumen, Bedürfnissen und Sorgen Ihrer Zielkunden. Nur so kann er einen Entwurf gestalten, der Ihre Besucher und Besucherinnen bei ihren Emotionen abholt.

Das eine „richtige" Design gibt es nicht

Ganz gleich, für welches Design Sie sich entscheiden: Es wird Ihnen nicht gelingen, alle Besucher Ihrer Website gleichermaßen zu begeistern. Ich hoffe, ich enttäusche Sie nicht, doch die eine „richtige" Website gibt es nicht. So oft ich mit Neukunden Websites ansehe und diskutiere, bekomme ich einen Eindruck davon, wie unterschiedlich die Wahrnehmung ist: Der eine lässt sich von pastelligen, hellen Farben ansprechen. Die Nächste empfindet kräftige Töne in Rot-Orange als modern. Der Dritte fühlt sich von starken Kontrasten in Rot und Schwarz angezogen. Fragen Sie zwei Dutzend Kollegen und Kolleginnen und Sie bekommen ebenso viele Antworten. Stets wird es Besucher geben, die Ihr Design mögen, und andere, die eine andere Gestaltung bevorzugen.

Gutes Design verändert sich

Auch das schönste Design kommt irgendwann in die Jahre. Genau genommen, dauert dies gar nicht so lange, denn im Internet ist viel zu viel in Bewegung. Die Technik ändert sich laufend und mit ihr die Sehgewohnheiten der Besucher und Besucherinnen.

Ein Beispiel: 2012 hat das Magazin für digitales Business t3n das sogenannte „Responsive Design" als neuen Trend ausgerufen. Mehr und mehr Benutzer fingen an, mit Smartphone oder Tablet im Netz zu surfen. Die bis dahin gängigen Websites machten auf den mobilen Endgeräten eine schlechte Figur: Sie waren schlecht zu lesen und sahen nicht gut aus. Die Entwickler mussten sich etwas einfallen lassen. Drei Jahre später war das Responsive Design zum Standard geworden und wehe, wenn Websites heute noch immer nicht umgestellt sind: Sie werden von Google mit einem schlechten Ranking abgestraft.

So geht es oft: Die Technik bringt den Stein ins Rollen und das Design muss mit. Was die Zukunft bringt, weiß niemand. Doch es wäre naiv zu glauben, dass wir in fünf Jahren noch genauso surfen wie heute.

Wenn Sie sich einen Überblick über aktuelle Designs machen wollen, stöbern Sie einmal auf den Seiten von „elegant themes" (*http://www.elegant-themes.com*) oder „elma studio" (*http://www.elmastudio.de*).

Design oder Layout?

Wenn Sie sich mit Websites beschäftigen, begegnen Ihnen früher oder später die Begriffe „Design" und „Layout". Beim Design lohnt es sich zu investieren, beim Layout weniger.

Vereinfacht betrifft das Design die Aufmachung und das Layout die Anordnung.

Zu Ihrem Design gehören zum Beispiel Ihr Logo, Ihre Farben und Ihre Schriften. Auch wenn Sie sich entschieden haben, in Ihren Unterlagen stets Kästchen mit gerundeten Ecken zu verwenden, ist dies eine Designentscheidung. Ihr Design sollten Sie in allen Werbemitteln einheitlich verwenden. Nur so erreichen Sie einen Wiedererkennungseffekt.

Mit dem Layout-Entwurf legen Sie fest, wie Sie Ihre Informationen auf Ihren Werbemitteln anordnen. Das Layout ändert sich notgedrungen von Werbemittel zu Werbemittel: Eine Website ist nun einmal anders aufgebaut als ein Flyer. In der Praxis ist Ihr Designer meist zugleich Ihr Layouter.

Starker Internettechnik sei Dank: Mehr Freiheit für das Design

Die Gestaltungsmöglichkeiten für Ihre Website sind heute deutlich umfangreicher als noch vor wenigen Jahren. Oft musste Ihnen Ihr Designer mit dem Kommentar „Das geht nicht" eine Bitte abschlagen. Das hatte folgenden Grund:

Die Technik bestimmt das Design

Wenn Sie eine Webseite aufrufen, senden Sie – technisch gesehen – eine Anfrage an den Server, auf dem die gesuchte Webseite liegt: „Bitte Server, schick mir die Daten der Seite xyz." Der Server nimmt die Anfrage entgegen und sendet die gewünschten Daten zurück. Die Daten werden auf Ihrem Rechner interpretiert. Das bedeutet: Sie sehen das, was Ihre eigene Technik hergibt.

In den frühen Internetjahren hatten Designer deshalb ein echtes Problem: Sie mussten stets den kleinsten gemeinsamen Nenner für die verschiedensten Rechner, Grafikkarten und Browser aller denkbaren Benutzer finden. Einzig Bonbonfarben kamen einigermaßen zuverlässig beim Benutzer an, wie beabsichtigt. Designer konnten nur wenige Schrifttypen als verbreitet voraussetzen und als wäre das nicht genug, war das Datenvolumen, das transportiert werden konnte, viel kleiner als heute.

Inzwischen ist in jeder Hinsicht mehr möglich. Designer können differenzierter mit Farben arbeiten, weil Rechner, Laptops, Smartphones und Tablets insgesamt leistungsfähiger geworden sind. Was für ein Glück! Wenn Sie Lust haben, in Farben zu schwelgen, besuchen Sie einmal das Color Wheel von Adobe (*https://color.adobe.com/de/explore*). Sie können sogar aus einem Lieblingsfoto die Farben extrahieren und für Ihre Website verwenden (*https://color.adobe.com/de/create/image*):

#021859 #77A1D9 #A0C4F2 #354024 #9CA656

Abb.: Online-Tools können passende Farben direkt aus Ihrem Lieblingsfoto ableiten (Quelle: Adobe).

Typografie

Schriftarten als Gestaltungsmittel

Wie möchten Sie sich Ihrem Publikum vorstellen: modern, feminin, elegant, innovativ, vertrauenswürdig oder verspielt? Durch die Auswahl Ihrer Schriftart können Sie die gewünschte Wirkung unterstreichen.

Die Schriftart ist ein oft unterschätztes Gestaltungsmittel Ihrer Website. Ist die Schriftart gut ausgewählt und professionell eingesetzt, bekommen

Ihre Besucher und Besucherinnen Lust, sich auf Ihrer Website umzusehen und sich mit Ihren Inhalten zu beschäftigen. Die Texte lassen sich leicht und angenehm lesen. Das Schriftbild wirkt insgesamt harmonisch.

Schlecht ausgewählte oder unpassend eingesetzte Schriftarten hingegen erschweren das Lesen. Eine gute Schrift fällt nicht weiter auf. Eine schlechte umso mehr.

Websichere Schriftarten

Sie möchten Ihre Website mit einer ansprechenden Schriftart gestalten, die auf allen Geräten korrekt angezeigt wird? Dann sollten Sie websichere Schriftarten verwenden.

Websichere Schriften sind solche, die ab Werk auf Desktop-Rechnern, Tablets oder Smartphones installiert sind. Sie gelten als „sicher“, weil sie auf fast allen Geräten der Welt geladen und korrekt angezeigt werden können.

Zu den verbreitetsten „sicheren“ Schriftarten zählen:

- Arial
- Verdana
- Helvetica
- Tacoma
- Trebuchet MS
- Times New Roman
- Georgia
- Garamond
- Courier New
- Brush Script MT

Extravagante Schriften verlangsamen Ihre Website

Womöglich möchten Sie die Einschränkung Ihrer Gestaltungsmöglichkeiten nicht hinnehmen. Sollten Sie sich für eine alternative, exklusive Schriftart entscheiden, kann es sein, dass diese nicht auf dem Endgerät Ihres Besuchers installiert ist. Beim Aufruf Ihrer Website muss die Technik Ihres Besuchers sowohl den Inhalt als auch die Schrift herunterladen.

Je mehr Daten geladen werden müssen, desto langsamer wird die Seitenladegeschwindigkeit. In der Regel lässt sich der Nachteil verschmerzen, doch wenn Ihr Besucher ein altes System verwendet oder die Leitung langsam ist, kann dies zu einem Störfaktor werden.

Viele Web-Profis empfehlen deshalb, eine „schöne“ Schriftart und eine Standard-Schriftart als Fallback zu verwenden.

Viele Designer haben Empfehlungen für gelungene Mischungen veröffentlicht. Geben Sie einfach einmal „Font Pairings" oder „Schriftkombinationen" bei Google ein und lassen Sie sich inspirieren. Hier zwei Adressen zum Einstieg:

- CANVA: 18 Professionelle Fonts für deine Website: *https://www.canva.com/de_de/lernen/professionelle-fonts-fuer-deine-website/*
- Typ.io ist ein KI-basiertes Tool für Schriftkombinationen. Dort können Sie nach Schlagworten (Tags) wie „learning" oder „modern" suchen und sich Beispiele anzeigen lassen: *https://typ.io/*

Abb.: Zwei Beispiele für Schriftkombinationen (Quelle: typ.io).

Get Inspired

Join the community of culture builders

Peoplzz is where People People share and help each other grow. It is a community marketplace for sharing and discovering great ideas, skills, mentors and making friends.

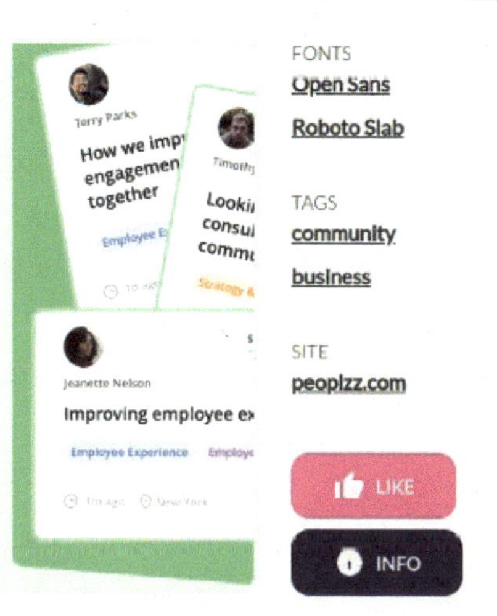

Ein harmonisches und gut lesbares Schriftbild lebt nicht nur von einer schönen Schrift, sondern auch von ihrem geschickten Einsatz. Sicher haben Sie sich auch schon einmal über unangenehm lange Zeilen geärgert oder über eng bedruckte Seiten. Auch die Schriftgröße, die Zeilenlauflänge und der Zeilenabstand bestimmen über die Lesbarkeit.

Die folgenden Tipps für Größen und Abstände nehmen darauf Bezug. Lassen Sie sich im Zweifel jedoch von Ihrem Augenmaß leiten, denn Schriften wirken oft unterschiedlich groß, obwohl sie tatsächlich gleich groß sind.

Tipps für ein harmonisches Schriftbild

Schriftgröße

Die empfohlene Schriftgröße für Fließtexte liegt bei 16 bis 18 Pixel. Der Fließtext legt die 100-Prozent-Marke fest. Alles andere wie die Überschriften orientiert sich daran.

Überschriften

Überschriften sind ein Mittel, Texte zu strukturieren und eine Hierarchie herzustellen. Sie sollten sichtbar größer sein als der Fließtext, damit sich Ihre Leser und Leserinnen orientieren können. Versuchen Sie es einmal mit diesen Maßen:

- H1-Überschrift: zwischen 180 und 200 Prozent
- H2-Überschrift: zwischen 130 und 150 Prozent
- H3-Überschrift: in etwa so groß wie der Fließtext

Je größer der Unterschied zwischen Überschrift und Fließtext, desto dramatischer ist die Wirkung.

Zeilenhöhe

Die Zeilenhöhe definiert den „weißen Raum" zwischen den Zeilen. Dieser Raum ist wichtig für die Lesbarkeit: Stehen die Zeilen zu eng zusammen, wird das Lesen mühsam. Ist der Abstand zu groß, wirkt das Textbild unharmonisch.

Die Zeilenhöhe beträgt im Schnitt das 1,5-Fache der zugehörigen Schrift. Ist der Fließtext z.B. 16 Pixel hoch, beträgt die Zeilenhöhe 24 Pixel.

Zeilenlänge

Die ideale Zeilenlänge liegt zwischen 75 und 80 Zeichen pro Zeile. Ihre Leser und Leserinnen sollten in der Lage sein, am Ende einer Zeile gleich den Anfang der nächsten Zeile zu erfassen.

Tipp!

Die gekonnte Verwendung von Schriften ist keine exakte Wissenschaft. Das Gesamtbild entscheidet. Zudem hängen die richtige Schriftgröße und der Zeilenabstand von der Schriftart ab. Manche Schriftarten wirken größer, andere kleiner.

Der Golden Ratio Typography Calculator kann Ihnen weiterhelfen. Er rechnet Abstände, Zeilenlauflängen und Schriftgrößen in Abhängigkeit der ausgewählten Schriftart aus: *https://grtcalculator.com/*

05

Webseiten von der Stange oder Maßschneiderei: Pro und Kontra

Das Ziel ist, einen guten Kompromiss zwischen Wirtschaftlichkeit und Individualität zu erreichen. Eine professionelle Optik unterstützt Ihre Glaubwürdigkeit.

Ein kurzer Blick ins Netz genügt und schon ist klar: Die Zahl der möglichen Systeme, die Sie für Ihre Website nutzen können, ist riesig.

Für welches System sollten Sie sich entscheiden? In diesem Kapitel stelle ich Ihnen Kriterien vor, die Ihnen helfen, das beste System für sich auszuwählen.

Hier ist mein Vorschlag für wichtige Kategorien:

Kriterien für die Wahl Ihres Website-Systems

- **Einfache Bedienbarkeit:** Ihr System sollte leicht zu bedienen sein. Es sollte für Sie möglich sein, einen Textabschnitt zu ändern oder einen Artikel einzustellen. Auch wenn Sie sich für den Aufbau Ihrer Website technische Hilfe an die Seite holen, sollten Sie kleine Veränderungen selbst durchführen können.

- **Sicherheit:** Hacker-Angriffe gehören zur Realität im Netz. Die Wartung Ihrer Website sollte weder schwierig noch aufwendig sein.

- **Attraktives Layout:** Ihre Website soll gut aussehen – natürlich! Gut gestaltete, schicke Vorlagen (= „Templates") sind ein Muss.

- **Flexibilität:** Ihr System sollte es Ihnen erlauben, ergänzende Funktionen oder Systeme einzubinden. Newsletter-Tool und Bezahlfunktionen kennen Sie. Doch es gibt noch viele weitere sinnvolle Ergänzungen für Ihre Website.

- **Analyse und Verkaufsunterstützung:** Ihr System sollte es Ihnen erlauben, den Erfolg Ihrer Website und des übrigen Contents auszulesen und Optimierungen vorzunehmen. Viele Systeme helfen Ihnen ganz gezielt, Ihren Sales Funnel zu optimieren.

- **Verbreitung:** Eine hohe Zahl an Installationen und eine große Verbreitung sprechen dafür, dass Ihr System auch in Zukunft existiert und Sie immer einen Dienstleister finden, der Ihnen weiterhilft.

- **Teamfähigkeit:** An einer Website arbeiten häufig viele Personen gemeinsam: Administratoren, Redakteurinnen, Werbeprofis und andere mehr. Sobald Sie mit einem Team arbeiten, ist es wichtig, verschiedene Rollen definieren zu können und Arbeitsprozesse anzulegen.

Das richtige System für Sie

Eine typische Beraterwebsite umfasst 5 bis 25 statische Seiten plus einen Blog. Oft ist ein Newsletter-Tool eingebunden sowie eine Verbindung zu einem Abrechnungstool wie Digistore24 angelegt. Wenn das der Standard ist – was bietet sich an?

1. Baukastensysteme

Noch vor wenigen Jahren habe ich mich strikt gegen Baukastensysteme ausgesprochen: zu unflexibel, zu unattraktiv. Doch die Baukastensysteme haben aufgeholt.

Die Vorteile liegen auf der Hand: leichte Bedienbarkeit, ansehnliches Layout, Anbindung an gängige Erweiterungen, Rücksicht auf Datenschutz, automatisches Update und anderes mehr.

Eine Freundin und Kollegin von mir arbeitet mit einer Jimdo-Seite. Podcast, Newsletter, Anbindung an Digistore24 – auf ihrer Website ist alles drin.

Jimdo als Tool für Einsteiger

Wer hinsichtlich der Technik die Bälle flach halten will, keine außergewöhnlichen Funktionen benötigt und zudem keinen Stress mit Updates haben will, sollte sich zum Beispiel Jimdo ansehen. Zumindest für Einsteiger ist dies eine gute Wahl!

- **Jimdo:** *https://www.jimdo.com/de/website/coaching/*

Die Platzhirsche

Auf der Suche nach Websitesystemen kommt man an Drupal, Joomla oder WordPress nicht vorbei – wobei WordPress eindeutig den Vogel abschießt. Laut W3Techs liefen Ende 2023 knapp 63 Prozent aller Websites unter WordPress. Dafür gibt es Gründe:

- Mehr Flexibilität ist schwerlich vorstellbar. Hinsichtlich der Funktionserweiterungen und der Layout-Vorlagen bleiben keine Wünsche offen.
- Die Community ist riesig. Wer sich für eine WordPress-Seite entscheidet, findet immer kompetente Dienstleister, die ihm helfen.

WordPress – Viele Möglichkeiten, aber auch mehr Eigenverantwortung

Bislang war WordPress mein unumstrittener Favorit. Doch meine Begeisterung hat einen Dämpfer bekommen: Die überbordende Fülle an Designs und Erweiterungen macht die Auswahl einer konkreten Variante schwer. Zudem muss sich jeder selbst um die Sicherheit der Seite, um Updates und um den Datenschutz kümmern. Was früher einmal einfach war, wird immer mühsamer. Mir ist das inzwischen zu viel.

Ich erinnere mich an ein Update, nach dessen Abschluss meine Website völlig aus den Fugen geraten war. Da heißt es: Tief Luft holen, die Ruhe bewahren und eine Anleitung aus dem Netz fischen, um das Update zurückzusetzen. Template und System waren inkompatibel gewesen.

Auch mit der Bedienbarkeit ist das so eine Sache. Was einfach ist, empfindet jeder anders. Einsteiger in WordPress können sich überfordert fühlen.

Manch einer fühlt sich mit der Technik unsicher und hat Sorge, auf seiner Website etwas unbeabsichtigt „zu zerschießen". Für eine WordPress-Seite muss das kein Hindernis sein: Lassen Sie sich von Ihrer Web-Designerin zwei Zugänge einrichte:

- Einmal als Administratorin mit allen Rechten.
- Einmal als Redakteur mit eingeschränkten Rechten.

In der Rolle eines Redakteurs sieht man nur noch ausgewählte Funktionen, um etwa Artikel einzustellen. An die Basis-Einstellungen der Website kommen Sie mit einer Rolle als Redakteur gar nicht mehr heran.

WordPress oder nicht? Ich denke: Es ist wie mit einem alten Haus. Wer Lust hat, zu basteln, der kann sich mit WordPress selbst verwirklichen. Doch wer sich für jeden Schritt Hilfe an die Seite holen muss, für den kann die Lösung lästig und vielleicht sogar teuer werden.

Wer keine Angst vor der Technik hat und Wert auf maximale Freiheit legt, ist mit einer WordPress-Seite jedoch gut beraten.

- **WordPress:** *https://wordpress.com/de/*

2. Integrierte Systeme

Die bisher beschriebenen Systeme bergen zwei Probleme: In aller Regel ziehen sie unverbundene Dateninseln aus Website, Newsletter-System und Customer-Relationship-System nach sich. Von sich aus leisten sie wenig Unterstützung, um den Verkaufsprozess zu optimieren. Alle Systeme werfen Zahlen aus. Doch was bedeuten sie? Wer nicht gerade Datenanalyse-Profi ist, hat es schwer.

All-in-One-Lösungen

Schon länger existieren deshalb alternative Systeme, die Website, Landingpages, Blogs, Newsletter, Newsletter-Tool und andere Funktionen vereinen. Sie bieten Marketing-, Sales- und Service-Funktionen in einem an.

Die Zahl der Systeme ist groß und sie legen unterschiedliche Schwerpunkte. Einige betonen Verkauf und Service, andere optimieren das Suchmaschinenranking und die Zusammenarbeit im Redaktionsteam.

Ich möchte Ihnen zwei Systeme vorstellen, die mir für Berater und Beraterinnen interessant erscheinen:

Chimpify
Dieses System ist eine All-in-one Marketing-, Verkaufs- & Kursplattform für Coachs.

Der Funktionsumfang beeindruckt: Sales Funnels, Website, E-Mail-Marketing, Blog und 360°-Analytics sind nahtlos integriert. Auch Membership und Kurs-Funktionen sind enthalten, und die Zahlungsabwicklung ist ebenfalls drin.

Chimpify ist eine Plattform. Das bedeutet, Sie nutzen sie via Browser. Um die Sicherheit sowie eventuelle Updates kümmern sich die Profis dort. Chimpify ist eine deutsche Produktion.

Preis: rund 300 EUR pro Jahr (2024)

▶ **Chimpify:** *https://www.chimpify.de/*

GetResponse
Dieses System kann auf einen noch größeren Funktionsumfang verweisen. Zusätzlich zu denen bei Chimpify genannten kommen Webinare und vordefinierte Kampagnen hinzu.

Interessant außerdem: GetResponse hat damit begonnen, KI-Empfehlungen zu integrieren, etwa für die Gestaltung einer Kampagne. Benutzer haben die Möglichkeit, über 100 ergänzende Systeme und Erweiterungen zu integrieren.

Auch GetResponse ist eine Plattform mit den zugehörigen Vorteilen: Um Updates und Sicherheitsstrategien müssen sich Anwender und Anwenderinnen nicht kümmern.

GetResponse ist eine europäische Produktion. In den 1990er-Jahren in Polen gestartet, ist GetResponse inzwischen ein weltweit operierendes Unternehmen mit 400.000 Kunden. Das System ist in vielen Sprachen verfügbar, auch auf Deutsch.

Preis: rund 530 EUR pro Jahr (2024)

- **GetResponse:** *https://www.getresponse.com/de*

Tipp!

Wer sich mit den Perspektiven im Marketing beschäftigt, kommt am Stichwort „zahlengetriebenes Marketing" nicht vorbei.

Hinter dem sperrigen Begriff steht die Aufgabe, die hohen Informationsansprüche von Kunden und Noch-nicht-Kunden zu bedienen und obendrein schnell auf Veränderungen am Markt zu reagieren. Unsere Welt ist wandelbar geworden.

Hinsichtlich der vereinheitlichten Daten sowie der Verkaufs- und Marketing-Logik haben integrierte Systeme das meiste zu bieten. Aus meiner Sicht gehört ihnen deshalb die Zukunft.

06

Die Inhalte und die Seiten festlegen

Ihre Seitenstruktur bündelt zusammengehörige Informationen. Konzentrieren Sie sich dabei auf den Kern Ihrer Leistungen.

Bis hierher haben Sie sich für ein System entschieden und es installiert, oder einen Dienstleister damit beauftragt. Jetzt wird es Zeit, die Inhalte Ihrer Seite zu planen.

Bitte sammeln Sie die Inhalte, die Sie anbieten wollen und strukturieren Sie sie.

Tipp!

Notieren Sie jede Information, die Sie anbieten wollen, auf Post-it-Zetteln und gruppieren Sie die Informationen zu sinnvollen Einheiten.

Klassischer Aufbau und Alternativen

Die meisten Websites sind nach dem Muster „Home – Training – Coaching – Über mich" aufgebaut. Ihr Besucher möchte jedoch mit seinem Anliegen abgeholt werden. Was genau ist sein Interesse?

Hier einige Beispiele für alternative Strukturen.

Verschiedene Zielkunden
Wenn Sie Teamtrainings für unterschiedliche Gruppen anbieten, bietet sich als Seitenstruktur an:

- Teamtrainings für Kundengruppe A
- Teamtrainings für Kundengruppe B
- Trainings für Kundengruppe C

Ordnen Sie Informationen zu Ihren Trainings, Kundenstimmen, Fotos und Beispiele den jeweiligen Zielkunden zu.

Entscheiderfragen

Auch wiederkehrende Fragen können zur Grundlage Ihrer Seitenstruktur werden. Stellen wir uns vor, Sie arbeiten im betrieblichen Gesundheitsmanagement (BGM). Denkbar wäre dann folgender Aufbau:

- Lohnt sich ein BGM für uns?
- Tragen Kollegen und Mitarbeitende ein BGM überhaupt mit?
- Wie führen Sie ein BGM in eine Organisation ein?

Im Beispiel strukturieren Sie Ihre Website entlang typischer Entscheiderfragen – die Sie auf den Unterseiten beantworten. Selbstverständlich schließt sich Ihr Angebot an Ihre Ausführungen an.

Wünsche, Herausforderungen

Eine weitere Möglichkeit für die Strukturierung sind die Wünsche und Anliegen Ihrer Kundinnen. Wenn Sie Projektmanagement anbieten, wünschen sich Ihre Kundinnen vielleicht Folgendes:

- Reibungslos zum Ziel – Konflikte in Teams lösen
- In Time, in Budget – Projekte realistisch planen
- Kommunikation: Stakeholder überzeugen

Mit Sicherheit gibt es noch viele weitere sinnvolle Wege, Ihre Inhalte anzuordnen. Spielen Sie mit Ihren Post-its und überlegen Sie, was logisch zusammengehört.

Gruppieren Sie zusammengehörige Inhalte

Websites nach dem Schema „Home – Training – Coaching – Über mich" haben den Nachteil, dass sie auseinanderreißen, was zusammengehört. Kundenstimmen etwa sollten bei der zugehörigen Leistung stehen und nicht auf einer eigenen Referenzseite. Zugleich verleitet das Schema zu einer tiefen Struktur mit vielen Unterseiten.

Umfangreiche Websites mit acht Optionen in der Navigation und nochmals vier Unterseiten sind jedoch überholt. Konzentrieren Sie sich auf den Kern Ihrer Leistung: Indem Sie weniger Entscheidungsmöglichkeiten anbieten, machen Sie es Ihren Besuchern und Besucherinnen leichter.

07

Viele oder wenige Informationen?

Weniger ist mehr, der One-Pager ist oft das Mittel der Wahl. Außerdem: Die Blickrichtung des Besuchers beeinflusst das Design.

Trainerinnen und Berater die schon viele Jahre selbstständig sind, haben meist Mühe, ihre Informationsfülle zu reduzieren. Wenn Sie aber noch zu Beginn Ihrer Karriere stehen, haben Sie wenige Informationen und fragen sich, wie Sie dennoch zu einer attraktiven Website kommen.

Variante 1: Sie haben wenige Informationen

One-Pager sind besonders übersichtlich und mobilfreundlich

Wenn Sie wenige Informationen haben, ist der One-Pager die Lösung der Wahl. Auf einem One-Pager reihen Sie die Informationseinheiten aneinander – Texte, Fotos, Grafiken und alles Weitere. Salopp gesprochen, ist ein One-Pager eine lange Wurst, auf der Sie hauptsächlich scrollen und wenig klicken müssen.

Die One-Pager-Lösung ist die konsequente Antwort auf die Darstellung auf mobilen Endgeräten. Versuchen Sie es einmal selbst und besuchen Sie eine Website mit Ihrem Smartphone: Zu klicken ist weniger angenehm als zu scrollen.

Ein One-Pager eignet sich auch dann, wenn Sie schon lange im Geschäft sind, aber ein sehr fokussiertes Angebot haben.

Machen Sie sich bitte klar, was Ihr Besucher wirklich wissen will:

- Was bekomme ich hier?
- Ist das etwas für mich?
- Was darf ich mir darunter vorstellen?
- Wer ist der Anbieter?
- Und was habe ich davon?
- Wieso soll ich dem Anbieter Vertrauen schenken?
- Und wie kommen wir jetzt zusammen?

Telefonnummer E-Mail-Adresse Social Media Plattformen Kennenlerntermin vereinbaren

TITLE

Unterzeile: Ihr Name und was Sie anbieten.

CTA

Der erste Satz: Kommt Ihnen das bekannt vor?

1 Aufgabe, Wunsch Herausforderung 1

2 Aufgabe, Wunsch Herausforderung 2

3 Aufgabe, Wunsch Herausforderung 3

Leistungen: Wir sollten uns kennenlernen!

Ihr Steckbrief: Ich bin XX und mein Spezialgebiet ist ...

Angebot 1 – Ihr Angebot

Angebot 2 – Ihr Angebot

Angebot 3 – Ihr Angebot

Ressourcen

Blogpost 1 – Intro-Satz – weiter

Blogpost 2 – Intro-Satz – weiter

Blogpost 2 – Intro-Satz – weiter

Wer spricht?

Stellen Sie sich vor: Was darf Ihr Kunde von Ihnen erwarten? Was ist Ihnen wichtig?

Trusts & Referenzen: Was Kunden sgen

Kundenstimme 1 – Feedback zu Aufgaben und Ergebnissen.

Kundenstimme 2 – Feedback zu Aufgaben und Ergebnissen.

Kundenstimme 3 – Feedback zu Aufgaben und Ergebnissen.

Was soll Ihr Webseitenbesucher jetzt tun?

Handlungsaufforderung / CTA

Kontaktdaten Termine Impressum Datenschutz Cookies

Abb.: Bespiel für den Aufbau einer One-Pager-Webseite. Alle Informationen sind auf einer einzigen Seite untergebracht und Ihre Besucher und Besucherinnen müssen sich nicht durch verschiedene Unterseiten klicken.

Im Kapitel über die Texte (siehe Seite 146 ff) mache ich Ihnen Textvorschläge für die hier eingeführten Module. Wenn Sie mögen: Behalten Sie sie im Hinterkopf.

Variante 2: Sie haben viele Informationen

Wenn Sie viele Informationen haben, arbeiten Sie daran, eine übersichtliche Struktur zu finden. Sie erinnern sich an den „Cognitive Ease" (siehe Seite 70) aus dem ersten Teil des Buches? Versuchen Sie, es Ihren Kunden möglichst leicht zu machen. Vielleicht klappt es so:

Wie Sie viele Informationen übersichtlich strukturieren

- Sie haben ein Dachthema wie Vertrieb oder Konflikte. Dann ergibt es Sinn, Ihr Angebot entlang Ihrer Formate zu strukturieren, wie 1:1-Gespräche, Arbeiten im Team und Vorträge.
- Ihr Angebot folgt einer logischen Reihenfolge. Vielleicht begleiten Sie Ihre Kunden bei der Zielfindung, erarbeiten anschließend mit ihnen eine Geschäftsstrategie und begleiten sie zum Schluss bei der Umsetzung. Finden Sie eine Struktur entlang dieser Reihenfolge.
- Sie folgen „Reifegraden" bei Ihren Kunden: für Einsteiger, mit Berufserfahrung, Erfahrene.
- Sie können sich auf Ihrer Homepage auf die Leistungen konzentrieren, die Kunden beim Kennenlernen gerne buchen. Weitere Leistungen bieten Sie im persönlichen Gespräch an, wenn der erste Auftrag abgeschlossen ist.
- Sie strukturieren gar nicht nach Angeboten, sondern holen Ihre Besucher bei ihren Fragen ab. Gerade bei einem Thema, das noch nicht in der breiten Öffentlichkeit angekommen ist, kann das ein interessantes Strukturmuster sein: Sie teasern drei zentrale Fragen auf der Homepage an, beantworten diese auf Unterseiten und leiten dann zu Ihrem Angebot oder einem Kennenlerngespräch über.
- Bei Agenturen sieht man es häufig, dass sie wenig Aufhebens um ihre Formate und Arten der Zusammenarbeit machen, dafür aber ihre Projekte und deren Ergebnisse sprechen lassen.

Wie immer Sie sich entscheiden: Sorgen Sie für eine kompakte und übersichtliche Struktur, die sich leicht erfassen lässt. Komplizierte Strukturen sind nicht mehr zeitgemäß.

Ganze Sätze, begrenzte Optionen und möglichst wenig Verwaltungsaufwand

Nur eine Bitte: Mir ist einmal eine Website aufgefallen, deren Texte ausschließlich aus Bulletpoints bestanden. Der Text war zugegebenermaßen kurz, allerdings wirkte er lustlos hingeworfen und abweisend. In ganzen Sätzen sollten Sie Ihre Kunden schon ansprechen.

Egal, wie viele Informationen Sie haben: Mehr als sieben Positionen in der Optionsleiste sollten es nicht werden, denn Menschen können maximal sieben (+/- 2) Informationen zugleich aufnehmen („Miller'sche Zahl"). Noch mehr Optionen verwirren. Ich halte das übrigens für zu viel. Versuchen Sie, sich zu beschränken:

Startseite, Angebot 1, Angebot 2, Angebot 3, Über uns/Über mich, Neues – und Schluss. Dann sind Sie schon bei sechs.

Gelegentlich kommt die Frage auf, ob es nicht besser ist, die Angebote strikt zu trennen und zwei Websites zu betreiben, wie Führungskräfte-Coaching und eine Coaching-Akademie. Solange es eine inhaltliche Klammer zwischen den Angeboten gibt und solange Sie als Einzeltrainer oder -Beraterin glaubwürdig alle angebotenen Leistungen erbringen können, betreiben Sie lieber nur eine Seite. Andernfalls muten Sie sich doppelte Arbeit zu, denn Sie müssen zwei Websites vermarkten und aktuell halten.

Abschnitt 3

Ihre Fotos

„Mit wem habe ich es hier zu tun?" – Ihre Besucher und Besucherinnen wollen es wissen. Sparen Sie deshalb nicht an guten Fotos. Erfahren Sie in diesem Abschnitt:

- Wie Sie mit Ihren Fotos Nähe zu Ihren Kunden schaffen
- Wie Sie kreative Foto-Ideen entwickeln
- Wie Sie sich optimal auf Ihren Fototermin vorbereiten

08 Gute Fotos schlagen eine Brücke zum Betrachter 137
09 Kreative Foto-Ideen für Berater und Trainerinnen 140
10 Entspannt zum Fototermin 144

08

Gute Fotos schlagen eine Brücke zum Betrachter

Gehören Ihre Kunden und Sie zur gleichen sozialen Herde? Fotos schaffen Vertrauen.

Punkt, Punkt, Komma, Strich: Manchmal brauchen wir noch nicht einmal das. Selbst in der abstraktesten Skizze erkennen wir Gesichter. Menschen interessieren sich für Menschen und sie wollen wissen, ob sie ihnen vertrauen können.

Ihre Website braucht deshalb gute Fotos von Ihnen – und zwar direkt auf der Startseite. Schließlich geht es um Sie und Ihr Angebot.

Wie werden Porträtfotos von Ihren Besuchern und Besucherinnen gelesen?

Fotos geben einen Vorgeschmack darauf, wie es sein wird, mit Ihnen zu arbeiten. Ihre Besucher und Besucherinnen interessieren sich daher für:

Was Ihre Fotos Ihren Kunden vermitteln

- **Professionalität:** Ihre Fotos sollten einen professionellen Eindruck vermitteln. Dies ist wichtig für Ihre Glaubwürdigkeit. Doch nicht überall sind die Kennzeichen eines professionellen Auftretens identisch. Was erwarten Ihre Kunden und Kundinnen von Ihrem Auftritt?

- **Vertrauenswürdigkeit:** Ihre Besucher und Besucherinnen sollten das Gefühl gewinnen, dass sie bei Ihnen auf eine vertrauenswürdige Person treffen. Versuchen Sie, ein ausgeglichenes Selbstbewusstsein zu vermitteln, sodass man sich mit Ihnen entspannt und sicher fühlen kann.

- **Persönlichkeit:** Ihre Besucher und Besucherinnen fragen sich, inwieweit die Chemie zwischen Ihnen stimmen wird, wenn Sie eine Zusammenarbeit aufnehmen. Bitte zeigen Sie sich echt und lassen Sie einen Blick auf Ihre Persönlichkeit zu.

- **Kompetenz:** Versuchen Sie, Bildideen zu entwickeln, die sich harmonisch mit Ihrem Status als Experte oder Expertin verbinden. Ihre Fotos sollten so gestaltet sein, dass sie Kompetenz und Erfahrung widerspiegeln.

Tipp!

Fotos transportieren eine Information, über die Besucher und Besucherinnen selten offen sprechen: Ist der Berater oder die Trainerin bereits dort angekommen, wohin ich möchte? Denken Sie darüber nach, was sich Ihre Kunden und Kundinnen wünschen und wie sich diese Wünsche in Ihre Fotos übersetzen lassen.

Was also ist ein gutes Porträtfoto? Monika Hansel, ehemals Fachbereichsleitung des Hauses Neuland kommentiert:

„Training, Coaching und Beratung sind personenbezogene Dienstleistungen, und deshalb will ich als Kunde etwas über die Persönlichkeit des Anbieters erfahren, möchte mir im wahrsten Sinne des Wortes ein Bild machen können, mit wem ich es zu tun habe.

Als Fachbereichsleiterin eines großes Seminarzentrums weiß ich aus eigener Erfahrung, wie schwierig es ist, aussagekräftige und authentische Fotos für das Seminarmarketing zu bekommen.

Trotzdem bin ich sehr irritiert, wenn ich auf Websites ein buntes Nebeneinander von Fotos finde, auf denen die jeweilige Person sehr unterschiedlich aussieht: Frisur, Brille, Kleidungsstil, Körperhaltung – man könnte fast meinen, die Betreffenden seien zwischendurch bei einer Typ- und Stilberatung gewesen. Als Betrachter frage ich mich dann, welches Bild denn nun passt – und einen professionellen Eindruck vermittelt das auch nicht wirklich.

Deshalb mein Tipp für die eigene Website: Achten Sie bei der Bildauswahl auf einen stimmigen Auftritt und verwenden Sie möglichst aktuelle Fotos."

Ein gelungenes Porträtfoto zeichnet sich durch folgende Eigenschaften aus:

So gelingen Ihre Porträtfotos

- **Mimik und Gestik:** Ihr Foto sollte natürlich und glaubwürdig wirken – für eine vertrauensvolle Bindung.
- **Kleidung:** Zeigen Sie sich so, wie Ihr Kunde Sie tatsächlich kennenlernen wird.
- **Schärfe und Klarheit:** Ihre Porträtfotos sollten scharf sein und Ihr Gesicht deutlich zu erkennen.
- **Lichtgestaltung:** Die Beleuchtung sollte Ihr Gesicht optimal ausleuchten und harte Schatten vermeiden.

- **Hintergrundauswahl:** Der Hintergrund sollte unaufdringlich sein und die gewünschte Atmosphäre unterstützen.
- **Bildbearbeitung:** Ihr Foto sollte Sie in einem positiven Licht zeigen, die Natürlichkeit jedoch bewahren.

Alternative zum klassischen Porträt: Headshot-Fotografie

Eine Sonderform des Porträts, der sogenannte „Headshot", ist inzwischen auch bei einigen Trainern und Beraterinnen angekommen. Anders als beim klassischen Porträt werden beim Headshot Elemente im Hintergrund und schmückende Accessoires komplett ausgespart, einzig das Gesicht der Person und deren Persönlichkeit stehen im Vordergrund. So soll eine direkte Verbindung zum Betrachter hergestellt werden.

Headshots stellen Ihre Persönlichkeit in den Vordergrund

Der Headshot eignet sich besonders, wenn Persönlichkeit ein grundlegender Punkt Ihres Marketings ist, z.B. wenn es in Ihren Trainings um das Stärken bestimmter Persönlichkeitseigenschaften geht, die bei Ihnen selbst stark ausgeprägt sind.

09

Kreative Foto-Ideen für Berater und Trainerinnen

Bilder und Filme unterstützen Ihre Positionierung und erhöhen Ihre Sympathiewerte.

Im Beraterbusiness geben wir uns viel Mühe, einen Unterschied zu machen. Mit der Leistungsbeschreibung ist dies meist nur schwer möglich. Anders sieht es mit Porträtfotos aus: Mit Kreativität und Offenheit können Sie sich positionieren und Sympathie-Punkte gewinnen.

So entwickeln Sie Ideen:

Inspiration mithilfe von Vorlagen und Beispielen

Ideen entwickeln

Schauen Sie sich Websites von Kollegen und Kolleginnen oder von spezialisierten Porträtfotografen an. Was gefällt Ihnen? Was gefällt Ihnen überhaupt nicht? Gewinnen Sie ein Gefühl dafür, wie Sie sich zeigen möchten.

Themen, Persönlichkeit und Interessen

Gibt es ein Symbol, das sich wie ein roter Faden durch Ihr Business zieht? Können Sie Ihrer Beratung Eigenschaften zuordnen, wie „frisch wie der junge Morgen" oder „belebend wie ein Chili"? Gibt es etwas, das typisch ist für Ihren Charakter oder Ihre Persönlichkeit? Finden Sie Wege, mithilfe von Requisiten und Hintergründen etwas von Ihrem Business, Ihrem Leistungsversprechen und Ihrer Persönlichkeit zu erzählen.

Auch mit Ihrem Fotografen oder mit Ihrer Fotografin können Sie Ideen spinnen und kreative Konzepte entwerfen.

Relativ verbreitet sind Fotos, die Beratungs- oder Schulungsszenen nachstellen. Die Idee liegt nahe. Doch wenn ich ehrlich sprechen darf: Meist sind die Szenen gestellt und so wirken sie auch.

Wie viele Fotos sollen es sein?

Mit einem guten Foto auf der Startseite und einem auf der Über-mich-Seite ist auf einer Trainer-und-Berater-Website schon viel gewonnen.

Wenn Sie für unterschiedliche Zielgruppen arbeiten oder in verschiedenen Rollen – etwa als Coach oder als Großgruppen-Moderator – kann es sinnvoll sein, weitere Fotos machen zu lassen. Die unterschiedlichen Fotos sollten zeigen, wie Sie Ihre Rolle jeweils ausfüllen.

Und außerdem?

Viele Website-Vorlagen sehen zahlreiche weitere Fotos als Ergänzung vor. Ich empfinde diese Menge als übertrieben. Irgendwann hat man sich häufig genug verewigt.

Sinnvolle Ergänzungen zu Porträtfotos

Hier sind einige Ideen, mit deren Hilfe Sie die Fotolücken schließen können:

- Der Blick von Ihrem Schreibtisch aus dem Fenster
- Ihre Lieblingskaffeetasse
- Ein Obstkorb, wenn Sie sich für die Mitarbeitergesundheit einsetzen
- Ihren Reisekoffer
- Ihre Trainerausrüstung
- Ihren Hund, wenn Sie einen haben
- Ihre Sportschuhe, wenn Sie sportlich sind
- Ausschnitte von Ihren Flipcharts

Mit Fotos dieser Art können Sie Dinge von sich erzählen, die man schlecht in Worte fassen kann: Der Blick aus dem Fenster gibt eine Ahnung davon, dass Sie ein überlegter, vielleicht sogar meditativer Typ sind. Ihre Reiseutensilien sprechen davon, dass Sie für Ihre Kunden alles geben.

Ergänzende Fotos wie diese sind ebenso Kommunikationsmittel wie Ihre Porträtfotos. Wählen Sie sie deshalb bitte bewusst aus: Was möchten Sie von sich erzählen?

Ihre Fotos sollten alle zusammenpassen

Beachten Sie zusätzlich: Ihre Fotos sollten sich hinsichtlich der Farbigkeit und stilistisch harmonisch in Ihre Website einfügen. Wenn Sie also zuerst Fotos im Studio machen, anschließend Live-Fotos von Veranstaltungen und schließlich noch ein paar Stillleben aus Ihrem Büro, dann haben Sie ein schönes Sammelsurium von Licht-Situationen und Stilen.

Sprechen Sie mit Ihrem Designer oder Ihrer Designerin. Er oder sie kann Ihnen helfen, Ihren Fotos ein einheitliches Look-and-Feel zu geben.

Fotos im Freien oder im Studio?

Im Freien fällt es oft leichter, sich entspannt und ungezwungen zu geben. Zudem können Sie mit einer gezielten Auswahl des Hintergrunds etwas von sich erzählen: Lassen Sie sich im Park, in einer Stadtlandschaft oder vor einem Industriegebäude ablichten? Der Hintergrund transportiert eine Botschaft und kann neugierig auf Sie machen.

Ein Fototermin im Freien lässt sich allerdings nur schwer planen: Oft spielt einem das Wetter einen Streich. Davon kann ich ein Lied singen: Bei einer Gelegenheit war der Himmel bleigrau – die Fotos entsprechend düster. In einem anderen Fall schien die Sonne so stark, dass ich fast nichts sehen konnte.

Zudem gilt es, rechtliche Fragen zu beachten: Bei zufälligen Spaziergängern auf Ihren Business-Fotos können Persönlichkeitsrechte verletzt sein. Außerdem sind Bauwerke wie Museen oder Statuen oft urheberrechtlich geschützt. Auch bei Firmengebäuden muss man aufpassen. Sprechen Sie am besten mit Ihrer Fotografin oder Ihrem Fotografen.

Mit Fotos im Studio haben Sie es viel leichter. Dank der Studioscheinwerfer und einem neutralen Hintergrund ist es einfach, professionell ausgeleuchtete und einheitliche Porträts zu fotografieren. Studiofotos lassen sich zudem einfacher bearbeiten und retuschieren.

Aber wer sagt, dass Sie sich für eine Variante entscheiden müssen? Vielleicht verwenden Sie ein klassisches Business-Foto auf Ihrer Startseite und eines in Ihrer Arbeitsumgebung auf der Über-mich-Seite?

Porträtfoto oder Video?

Wenn wir schon über Persönlichkeit, Vertrauen und Bildmaterial sprechen: Ist ein Video nicht viel aussagekräftiger als ein Foto? Porträtfotos und Videos haben jeweils eigene Vorteile:

Vorteile von Fotos und Videos im Vergleich

Porträtfotos

- Porträtfotos sind relativ leicht herzustellen.
- Sie legen einen Fokus auf Ihr Gesicht und helfen Ihren Besuchern und Besucherinnen, eine Verbindung zu Ihnen herzustellen.
- Es ist vergleichsweise einfach, einen professionellen Gesamteindruck zu vermitteln.

Videos

- Videos können stärker emotionalisieren als Porträts.
- Bewegungen und Gesten sind Ausdruck Ihrer Persönlichkeit. Videos zeichnen ein vollständigeres Bild von Ihnen.
- Bewegtbilder binden die Aufmerksamkeit stärker als statische Bilder.

Auch wenn auf den ersten Blick alles für Videos spricht, müssen Sie sich für Bewegtbilder ungleich mehr ins Zeug legen. Wollen Sie den Aufwand wirklich auf sich nehmen? Zu der ohnehin umfangreichen To-do-Liste rund um Ihre Webseite kommt zusammen mit einem Video ein weiterer aufwendiger Punkt hinzu.

Videos erfordern mehr Aufwand als Fotos

Tipp!

Es besteht keine Notwendigkeit, mit einer 120-Prozent-Version Ihrer Webseite an den Start zu gehen. Reservieren Sie Ihrem Video bei der Planung einen Platz und fügen Sie es zu einem späteren Zeitpunkt ein.

Auch wenn ein Video generell eine gute Ergänzung zu einem Porträtfoto bildet: Sich zu viel vorzunehmen, lohnt nicht. Falls Sie sich vor der Kamera unsicher fühlen, sollten Sie sich professionelle Unterstützung an Ihre Seite holen. Andernfalls könnte der Versuch, einen guten Eindruck zu hinterlassen, ins Leere laufen.

10

Entspannt zum Fototermin

Eine gute Vorbereitung des Shootings ist der halbe Weg zum wirkungsvollen Ergebnis.

Vorbereitung durch den Fotografen oder die Fotografin

Damit Sie sich während des Shootings wohl und entspannt fühlen:

Vertrauensvolle und stressfreie Zusammenarbeit

- Ihr Fotograf oder Ihre Fotografin sollte sich im Vorgespräch Zeit nehmen, um mit Ihnen zu sprechen, sodass Sie sich ihm oder ihr anvertrauen können.
- Ein Porträtfotograf sollte in der Lage sein, eine lockere Atmosphäre zu schaffen. Dazu kann er Ihnen vielleicht Anekdoten erzählen oder Musik einspielen.
- Er oder sie sollte Ihnen klare Anweisungen geben, wie Sie sich positionieren sollten – damit Sie wissen, was von Ihnen erwartet wird.
- Im Fototermin inbegriffen ist oft noch ein kleines Mimik-Coaching, in dem Sie lernen, wie Sie genau das in Ihrem Gesicht zum Ausdruck bringen, wofür Sie stehen.

In knapp 20 Jahren Selbstständigkeit habe ich bereits einige Shootings hinter mich gebracht. Dabei habe ich gelernt: Ein hohes Honorar ist keine Garantie für gute Fotos. Vielmehr hängt ein erfolgreiches Shooting von der Vorbereitung, der Stimmung, dem Timing und der eigenen Verfassung ab.

Wie bereiten Sie sich am besten auf Ihr Shooting vor?

Sorgen Sie für eine entspannte und positive Haltung

- Viele Kunden machen ihren Fototermin im Anschluss an ihren Urlaub. Eine gute Idee finde ich: Man ist entspannt und hat eine frische Farbe im Gesicht.
- Sobald Sie sich einen Foto-Profi ausgesucht haben, bleibt Ihnen kaum mehr, als möglichst entspannt und ausgeschlafen zum Termin zu erscheinen. Nehmen Sie sich Zeit: Lassen Sie sich nicht unter Druck setzen, weil direkt nach dem Shooting der nächste Termin ansteht. Man würde es Ihnen ansehen.
- Sorgen Sie für eine positive Haltung: Hören Sie Ihre Lieblingsmusik, machen Sie einen Spaziergang oder tun Sie etwas anderes, das Sie in eine positive Stimmung versetzt.

Kleidung

Beachten Sie hinsichtlich der Kleidung:

Diese Tipps erleichtern die Nachbearbeitung

- Kleiden Sie sich so, wie Sie bei Ihren Kunden erscheinen würden.
- Wählen Sie Ihre Kleidung so aus, dass Sie sich wohlfühlen: Ein guter Sitz und Farben, die Ihnen stehen, sind wichtig.
- Kleine Muster und Streifen sind schwierig, da sie einen Moiré-Effekt erzeugen können. Dabei können auf den Fotos unerwünschte Wellenmuster entstehen.
- Große Tücher wirken auf Fotos oft nicht gut.
- Auch für Schmuck gilt: Weniger ist mehr.
- Stimmen Sie, wenn möglich, Ihre Kleidung auf die Farbigkeit Ihrer Website ab. Je weniger Ihr Designer oder Ihre Designerin nachbearbeiten muss, desto besser.

Denken Sie darüber nach, ob Sie vor dem Fototermin einen Friseurbesuch und einen Besuch bei einem Visagisten einlegen. Sprechen Sie im Vorgespräch mit Ihrem Fotografen oder Ihrer Fotografin: Oft arbeitet er oder sie mit Kooperationspartnern zusammen und kann Ihnen eine Empfehlung geben.

Abschnitt 4

Ihr Textwork

In diesem Abschnitt lernt Ihre Seite sprechen. Über die visuelle Gestaltung haben Sie Ihren Besuchern ein gutes Gefühl vermittelt. Spontan fühlen sie sich bei Ihnen wohl, doch nun braucht es Inhalt.

Bilder allein kommen nicht auf den Punkt. Es braucht das Wort für die Deutung und Zuspitzung. In diesem Abschnitt geht es daher um Folgendes:

- Wie Sie effektiv Schlüsselbegriffe einsetzen, die Ihre Kunden mögen und bei ihrer Recherche tatsächlich verwenden
- Wie Sie skizzieren und belegen, für welche Probleme Ihrer Kunden Sie gute Lösungen bieten
- Wie Sie Ihre Website mit einer guten Landingpage ergänzen
- Und wie KI-Tools Sie in allen Bereichen Ihrer Website beim Texten unterstützen können

11 Alles bereit? 147
12 Zur Einstimmung: So schreiben Sie Texte, die verkaufen 148
13 Ihren stärksten Argumenten auf der Spur 150
14 Die Homepage 154
15 Die Angebotsseite 164
16 Die Landingpage 167
17 Die Über-mich-Seite 173
18 Effektive Call-to-Actions 176
19 Kundenstimmen und Referenzen 181
20 Snippets 183
21 Artikel schreiben mit KI 187

11

Alles bereit?

Alles vorbereitet? Dann können wir mit dem Texten beginnen.

Bis hierher haben Sie bereits viel Vorarbeit geleistet, indem Sie sich Gedanken über die Struktur Ihrer Website und Ihre SWOT-Analyse gemacht haben. Jetzt ist es an der Zeit, diese Informationen zu nutzen, um Ihre Texte zu verfassen.

Drei Vorbedingungen fürs Texten

- Welche Seiten soll Ihre künftige Website haben? Falls bis jetzt nicht geschehen: Machen Sie sich bewusst, welche Seiten Sie sofort angehen möchten und welche Sie vielleicht zu einem späteren Zeitpunkt entwerfen und veröffentlichen.
- Wenn Sie Ihre SWOT-Analyse durchgeführt haben, können Sie diese als Inspiration für Ihre Texte nutzen. Das Feld „Stärken" etwa enthält Informationen, die Sie auf Ihrer Über-mich-Seite hervorheben können.
- Wenn SEO ein Teil Ihrer Vermarktungsstrategie ist, sollten Sie Ihre Keywords ausgewählt haben.

Struktur, SWOT und SEO: Wenn Sie all dies beisammen haben, können wir starten.

Tipp!

Die Angebotsseiten zu texten, ist meist der einfachste Teil. Wenn Sie mögen, beginnen Sie gerne dort. Gehen Sie dann zur Über-mich-Seite über und texten Sie zum Schluss die Startseite. Die Vorgehensweise mag Sie überraschen, doch eigentlich ist sie logisch: Die Startseite präsentiert gebündelt und auf den Punkt die wichtigsten Informationen zu Ihnen und Ihrer Leistung. Sie verdichtet die Informationen der Seiten, die sie zuvor entworfen haben.

12

Zur Einstimmung: So schreiben Sie Texte, die verkaufen

„Conversional Copywriting": Wie Sie Kunden auf Ihrer Website persönlich und authentisch ansprechen

Conversional Copywriting gründet auf der Idee, dass Sie Ihre Texte so schreiben, als würden Sie mit einem Freund oder einer Freundin sprechen. Stellen Sie sich also vor, dass Sie mit Ihrem bevorzugten Kunden an einem Tisch sitzen und mit ihm reden. Wie geben Sie sich?

Weitschweifig? Dozierend? Sicher nicht. Sie sind vermutlich freundlich, unterstützend und hilfreich. Sie wollen, dass sich Ihr Kunde wohlfühlt und Ihnen vertraut. Genau diese innere Haltung sollten Sie sich bewahren, wenn Sie Ihre Texte entwerfen.

Ich habe es schon oft erlebt, dass meine Kunden ihre Gedanken und Leistungen im direkten Austausch klar und einfach formulieren – beim Schreiben jedoch Schwierigkeiten haben. Wenn Sie ein solcher Sprech-Denker sind und Sie die Einsamkeit am Schreibtisch einfach nicht inspirieren will, dann treffen Sie sich am besten mit einem wohlwollenden Bekannten zu einem Kaffee, lassen Sie sich ausfragen und nehmen Sie Ihre Worte auf.

Inzwischen gibt es tausend Services, die Ihnen helfen, aus Ihren Worten Text zu machen. Mithilfe von Zoom etwa können Sie Ihre Worte aufnehmen und anschließend transkribieren. ChatGPT, Google Gemini & Co. unterstützen Sie bei der weiteren Verarbeitung.

Hier ein paar konkrete Tipps, wie sich Conversional Copywriting in Ihren Texten zeigt:

Tipps für Ihre Texte

- Sprechen Sie Ihre Kunden/Zielgruppe direkt an.
- Stellen Sie Fragen.
- Benutzen Sie Wörter und Aussagen, die Sie oft von Ihren Kunden hören.
- Schreiben Sie kurze Sätze, nutzen Sie kurze Wörter.
- Zeigen Sie, dass Sie Ihre Zielgruppe verstanden haben.

Gestelzte Formulierungen haben sich endgültig überlebt: Mit Conversional Copywriting sprechen Sie Ihre Besucher und Besucherinnen von Beginn an persönlich und authentisch an.

13

Ihren stärksten Argumenten auf der Spur

Eine erfolgreiche Website ist eine Website, die Kunden gewinnt. Doch worauf sprechen Kunden an?

Websites konzentrieren sich häufig auf die Werkzeuge und Techniken ihrer Betreiber. Sie präsentieren Vorgehensweisen und listen eine Vielzahl von Angeboten auf.

Dieser Ansatz wird jedoch den Bedürfnissen der Kunden in Bildung und Beratung nicht gerecht. Kunden suchen Ihre Unterstützung, weil sie einen Fortschritt in ihrer Entwicklung anstreben und oft suchen sie auch eine verbesserte Version ihrer selbst.

Deshalb kommt es darauf an, die Entwicklung und das Ergebnis Ihrer Zusammenarbeit zu betonen.

Klar kommunizieren, „warum" Kunden mit Ihnen arbeiten sollten

Um mehr Kunden anzusprechen, empfiehlt es sich, den Schwerpunkt Ihrer Website auf das „Why" zu legen. Das bedeutet, dass Ihre Website klar kommunizieren sollte, welche Probleme Sie lösen oder welche Aufgaben Sie übernehmen können – und vor allem, welchen positiven Einfluss dies auf das Leben Ihrer Kunden haben wird.

Eine effektive Kommunikation des „Why" auf Ihrer Website sollte sich in dieser Richtung bewegen:

- **Für Coachs:** „Ich helfe Ihnen, Ihre Ziele zu erreichen."
- **Für Berater:** „Ich unterstütze Sie dabei, Ihre Karriere voranzutreiben."
- **Für Berater im Sales-Business:** „Ich helfe Ihnen, Ihre Beziehungen zu Ihren Kunden zu verbessern."

Der Fokus auf das „Why" zeigt Ihren Kunden an, dass Sie sie verstehen und eine Lösung parat haben. Ein wahrhaft kundenorientierter Ansatz!

Tipp!

Lassen Sie sich von einer KI Ihrer Wahl helfen, die Vorteile Ihrer einzelnen Angebote herauszufinden, um so das „Why" Ihrer gesamten Arbeit Stück für Stück zu identifizieren. Vergleichen Sie die Ergebnisse Ihrer Auswertungen: Sehen Sie ein Muster oder ein Motiv, das immer wieder erscheint?

Angebotstexte mithilfe von KI formulieren

Auch wenn Sie sich mit dem „Why" in Ihrem Business sicher fühlen, lohnt sich die Übung mit der KI. Greifen Sie auf die Ergebnisse zurück, wenn Sie darangehen, die Angebotstexte für Ihre Website zu entwerfen.

Hier ist eine Prompt-Vorlage für die Analyse eines einzelnen Angebots:

Prompt-Vorlage für eine Angebotsanalyse

Handele in der Rolle eines erfahrenen Vertriebsprofis. Du möchtest den Nutzen eines Angebots für deine Kunden herausfinden. Bitte beachte folgende Informationen:

Angebotsname: [Angebotsname]

Angebotseigenschaften:
[Eigenschaft 1]
[Eigenschaft 2]
[Eigenschaft 3]

Zielkunden:
Branche: [Branche]
Größe: [Größe]
Standort: [Standort]

Bedürfnisse, Sorgen, Ängste und Wünsche:
[Bedürfnis 1]
[Bedürfnis 2]
[Bedürfnis 3]
[Sorge 1]
[Sorge 2]
[Sorge 3]
[Angst 1]
[Angst 2]
[Angst 3]

[Wunsch 1]
[Wunsch 2]
[Wunsch 3]

Bitte ordne jedem Merkmal einen Nutzen zu.

Wenn Sie das Pattern anwenden, beachten Sie bitte:

- **Angebotseigenschaften:** Gemeint sind greifbare Eigenschaften wie Dauer, Location und Seminarunterlagen bei einem Workshop. Und zugleich qualitative Eigenschaften wie Ästhetik oder Atmosphäre.
- **Zielkunden:** Ergänzen Sie die Kategorien Branche, Größe und Standort gerne um weitere wichtige Faktoren oder lassen Sie den Standort weg, wenn er für Sie keine Rolle spielt.
- **Bedürfnisse, Sorgen, Ängste und Wünsche:** Bitte überlegen Sie sich, wie sich die Sorgen und Ängste in der Praxis auswirken.
- **Anzahl Ihrer Eingaben:** Erweitern Sie die Zahl der Eigenschaften, Bedürfnisse und Wünsche nach Ihren Wünschen. Fühlen Sie sich frei, den Prompt nach Ihrem Bedarf anzupassen.

Ergänzende Prompts an ChatGPT oder Google Gemini

Die KI hilft Ihnen, Ihr Sichtfeld auszudehnen und mögliche blinde Flecken zu füllen. Fragen Sie doch einmal:

Texte mithilfe von KI weiter optimieren

Welche Eigenschaften würdest du ergänzen?

Lassen Sie sich Vorschläge machen, welche Eigenschaften Ihr Angebot sinnvoll ergänzen könnten.

Bitte formuliere die Nutzen freundlich, aktivierend, optimistisch. Wähle die Sie-Anrede.

Bei meinen Tests waren die ersten Text-Ergebnisse richtig, jedoch hölzern formuliert. Dieser Prompt brachte Verbesserungen. Etwas nacharbeiten müssen Sie dennoch.

Wenn Sie sich die Liste der Nutzenargumente für Ihr ausgewähltes Angebot ansehen: Erkennen Sie einen Vorteil, der als besonders attraktiv heraussticht? Keine Idee? Fragen Sie die KI:

Welches Nutzenargument ist aus der Sicht der Kunden das wichtigste?

Geben Sie diesem Argument das stärkste Gewicht, wenn Sie Ihre Angebotstexte für die Website entwickeln.

Tipp!

Lassen Sie sich von der KI inspirieren, doch geben Sie das Heft nicht aus der Hand! Die künftigen Texte werden unter Ihrem Namen veröffentlicht. Wählen Sie deshalb die Vorschläge aus, die Sie überzeugen – und lassen Sie die übrigen weg. Lassen Sie sich nicht davon abbringen, eigene Erfahrungen und Einsichten zu ergänzen.

14

Die Homepage

Von der Idee zur Sichtbarkeit: Ein Leitfaden für den Aufbau und die Optimierung Ihrer Homepage – Schritt für Schritt.

In diesem Kapitel gestalten Sie Ihre Startseite – Ihre Homepage. Weiter unten sehen Sie einen schematischen Aufbau. Er ist schlüssig im Aufbau und deshalb eine gute Empfehlung für Ihren Einstieg.

Die Module im Detail

Wollen wir starten? Wir gehen einfach Schritt-für-Schritt durch die Module. Los geht's.

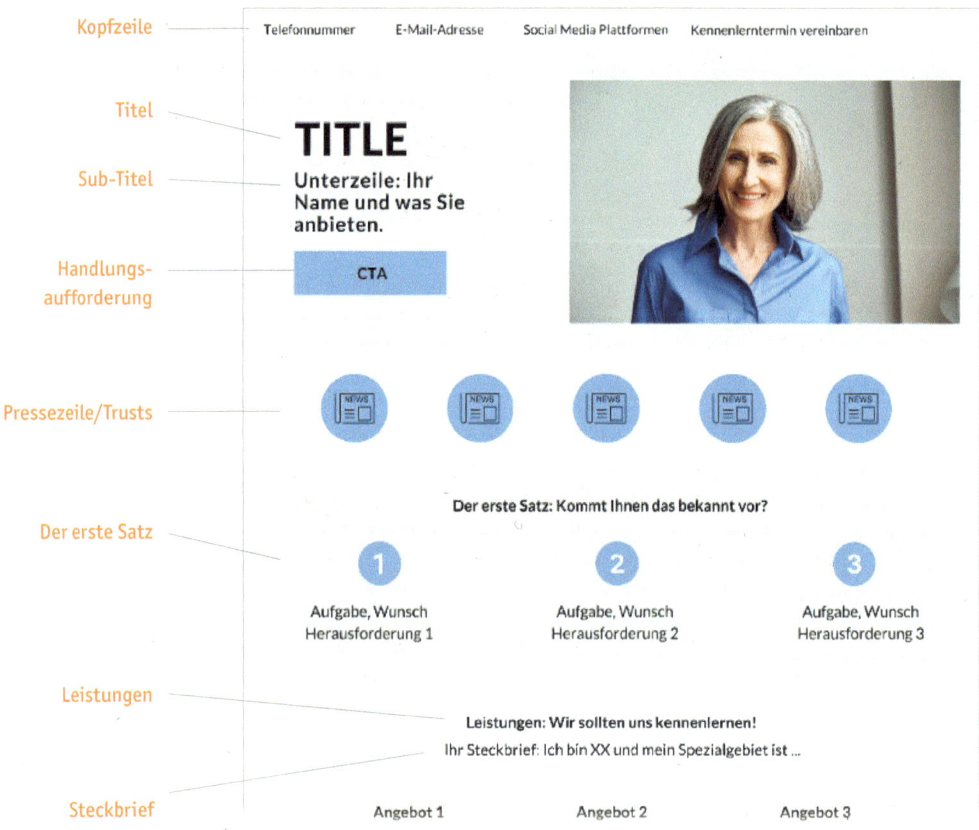

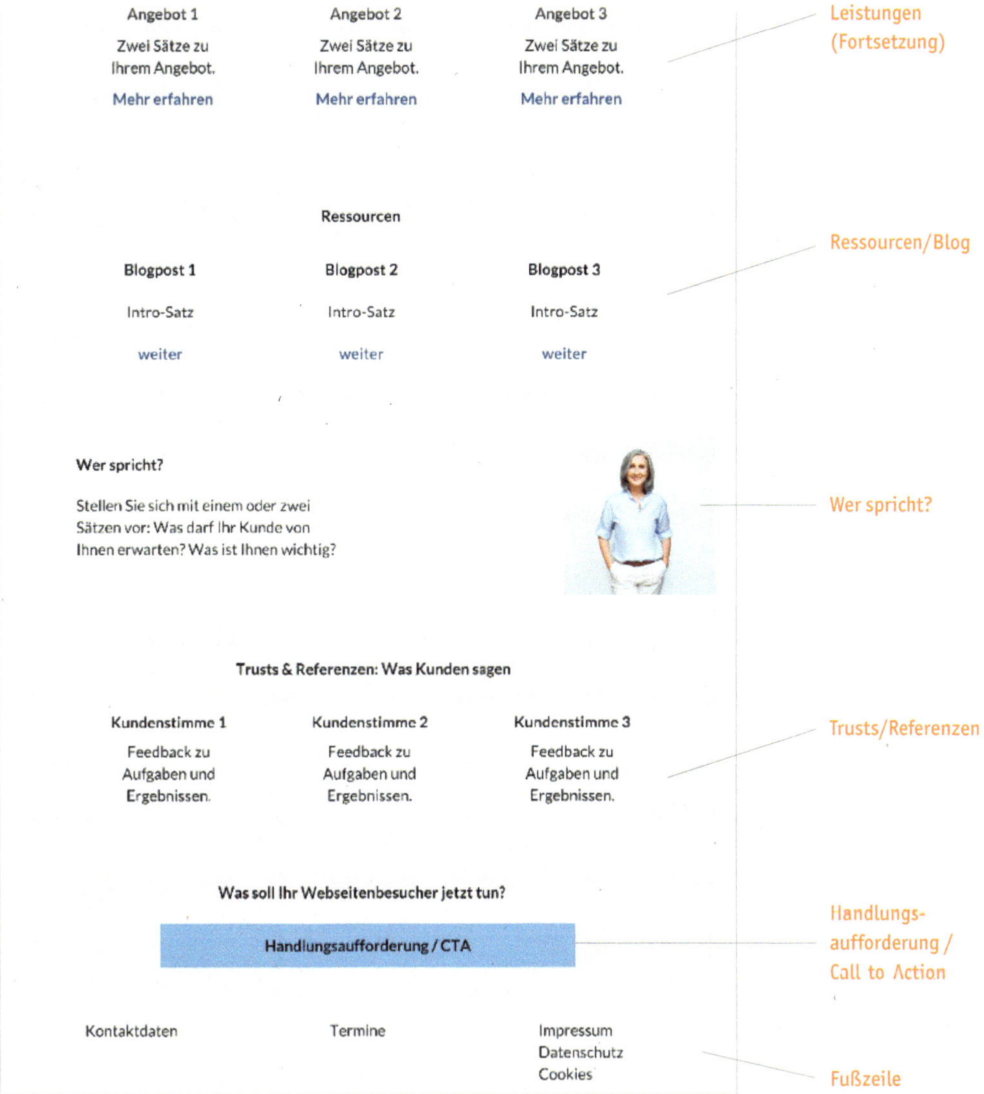

Kopfzeile

Die Kopfzeile ist auf allen Seiten Ihrer Website sichtbar. Sie legen sie also nur einmal für die gesamte Website an.

Informationen wie Ihre E-Mail-Adresse, Telefonnummer oder Buttons zu Ihren Social-Media-Präsenzen sind hier gut aufgehoben. Außerdem können Sie einen Link zu einem Terminvereinbarungstool hinterlegen.

Titel

Legen Sie als Erstes die Überschrift fest: den Titel oder die H1-Überschrift. Das „H" steht für Heading, die „1" für die erste Überschriftenebene. Für Ihre Besucher ist sie der erste Orientierungspunkt. Ihre Überschrift sollte für Ihre Besucher verständlich und inhaltlich richtig sein.

Die H1-Überschrift ist immer wichtig, doch die Überschrift auf Ihrer Homepage hat ein besonderes Gewicht. Mit ihr setzen Sie den inhaltlichen Schwerpunkt Ihrer gesamten Website: Was ist die Essenz Ihres Tuns? – Ihr Besucher liest dies an der H1 auf Ihrer Homepage ab.

Hierarchieebenen bewusst anlegen

Was Sie zur H1-Überschrift außerdem wissen müssen: Wenn Sie später zu Ihren Angebotsseiten und zur Über-mich-Seite übergehen: Legen Sie pro Seite nur eine H1-Überschrift an. Damit Google Ihre Seite ordentlich auswerten kann, sollte Ihre Seite hinsichtlich der Hierarchieebenen logisch aufgebaut sein: Eine H1-Überschrift, eine H2-Überschrift und zwei H3-Überschriften ergeben keinen Sinn.

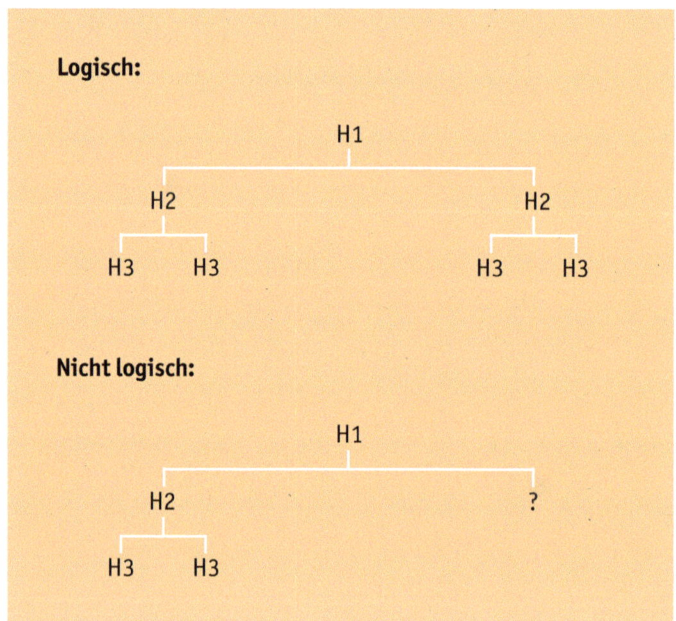

Abb.: Ein logischer Aufbau von Hierarchieebenen sieht für jede Ebene unter H1 mindestens zwei Punkte vor.

Meist unterscheiden sich die Überschriften in der Schriftgröße. Dies verführt dazu, die Überschriften als Gestaltungsmittel zu verwenden und nach Größe einzusetzen. Doch damit entsteht ein logisches Durcheinander.

Sub-Titel

Texten Sie für den Sub-Titel einen Zweizeiler mit Ihrem Namen, Ihrem Angebot und möglichst Ihrer Zielgruppe, etwa so:

„Heinz Müller: Präsentationscoaching für anspruchsvolle Führungskräfte – für einen überzeugenden Auftritt und nachhaltigen Erfolg!"

Handlungsaufforderung

Direkt hier sollten Sie Ihren ersten Call-to-Action einfügen. Was möchten Sie mit Ihrer Website erreichen: Newsletter-Abonnenten gewinnen oder Termine für Erstgespräche? Lassen Sie es Ihre Besucher und Besucherinnen wissen. Spezielle Tipps für Ihren Call-to-Action finden Sie auf Seite 176 ff.

Pressezeile/Trusts

Im Anschluss an den ersten Teil Ihrer Homepage sollten Sie einen ersten „Trust" einfügen, also eine vertrauensbildende Information. Wenn Sie bereits auf Presseveröffentlichungen verweisen können, ist hier der gängige Platz für die Logos der Zeitschriften und Magazine. Natürlich steht es Ihnen frei, auch andere Trusts einzubauen wie die Zahl Ihrer zufriedenen Kunden. Oder stellen Sie ein besonders schönes Kundenzitat ein.

Tipp!

Titel, Sub-Titel, Button und Trust sollten bereits eine schlüssige Information ergeben: Wie heißen Sie? Für wen arbeiten Sie? Worin liegt der Gewinn einer Zusammenarbeit? Weshalb darf man Ihnen Glauben schenken? Wie kommen Sie zusammen?

Gibt der erste Teil Ihrer Homepage all das wieder? Gut gemacht. Herzlichen Glückwunsch!

KI als Feedback-Partner

Tipp!

ChatGPT und Google Gemini sind als Ihre Assistenten immer an Ihrer Seite. Wenn Sie sich unsicher sind: Lassen Sie sich doch einfach ein erstes Feedback geben, etwa so:

Dies ist der Entwurf für einen Text auf meiner Homepage, und zwar Titel, Sub-Titel, Call-to-Action und Trust. Analysiere den Text aus der Perspektive eines erfahrenen Werbetexters: Wie würdest du den Entwurf optimieren?

Dies ist der Entwurf:
Titel: [Titel]
Sub-Titel: [Sub-Titel]
Call-to-Action: [Call-to-Action]
Trust: [Trust]

Der erste Satz

In welcher Situation befindet sich Ihre Besucherin? Der erste Satz hat die Aufgabe, Ihre Besucherin genau da abzuholen. Gehen Sie also auf sie ein. Der erste Satz sollte Zustimmung auslösen wie „Genau, das kenne ich!" oder „Das bin ich".

Wenn Sie Spaß am Texten haben – hier können Sie sich ausleben. Deshalb ein paar Ideen für den Einstieg: Sie können ...

Ideen für den ersten Satz

- Gemeinsames herausstellen,
- mit einer Szene beginnen,
- mit einem Paradox einsteigen,
- einen Begriff abgrenzen,
- eine These aufstellen,
- mit einer Zuspitzung provozieren.

Am besten legen Sie eine Ideensammlung an und wählen Ihren treffendsten Entwurf aus. Beim Feinjustieren Ihres Favoriten fragen Sie sich bitte:

- Kann die Leserin gleich zu Beginn zweimal „Ja" sagen?
- Sprechen Sie die Leserin persönlich an?
- Hinterlässt Ihre Anrede bei der Leserin eine positive Stimmung?
- Würden Sie so mit jemandem sprechen, mit dem Sie an einem Tisch sitzen?

Je mehr Punkte Sie erfüllen, desto besser.

Tipp!

Häufig lese ich von der Empfehlung, die Schmerzpunkte der Wunschkunden anzusprechen. Meine Erfahrungen mit diesem Tipp sind gemischt: Die wenigsten Kunden möchten sich auf Fehler und Schwachpunkte ansprechen lassen. Wenn nicht gerade gute Gründe etwas anderes nahelegen, würde ich mit einer positiven Perspektive einsteigen und davon sprechen, was sich meine Kunden wünschen. Taktgefühl ist auf jeden Fall angeraten: Niemand möchte als armer Tropf angesprochen werden.

Steckbrief

Der Steckbrief folgt direkt auf den ersten Satz und ist die Nagelprobe Ihrer Positionierung. Jetzt müssen Sie sagen, wer Sie sind, was Sie tun, für wen Sie das tun, wo Sie tätig werden und wozu das Ganze gut ist. Schaffen Sie es mit 500 Zeichen?

Entwerfen Sie Ihren Steckbrief entlang der Formel: „Ich bin XXX und mein Spezialgebiet ist ..."

Leistungen

An den Steckbrief schließt sich die Leistungsbeschreibung an. In diesem Teil beantworten Sie die wichtigsten Fragen Ihres künftigen Kunden:

- Welche Probleme lösen Sie?
- Wie darf sich Ihre Kundin Ihre Arbeit ungefähr vorstellen?
- Was hat sie davon, mit Ihnen zu arbeiten?

Vorschau auf Ihr Leistungsangebot

Dieser Abschnitt soll Ihren Besuchern und Besucherinnen helfen, sich zu orientieren – mit Blick auf Ihr Angebot und darauf, wo es auf der Website für sie weitergeht. Sie dürfen sich also kurzfassen. Die ausführliche Beschreibung Ihrer Leistungen folgt auf separaten Seiten.

Denken Sie bitte außerdem darüber nach, wie viele Leistungen Sie anbieten möchten. Erinnern Sie sich an die Entscheidungsabkürzungen oder Biases aus dem ersten Teil dieses Buchs? Wenige Angebote sind übersichtlicher als viele und machen es Ihren Besuchern und Besucherinnen leichter, sich zu entscheiden – wobei die selbst verordnete Angebots-Diät alles andere als einfach ist. Ich weiß, wovon ich spreche. Schauen Sie gerne noch einmal in das Kapitel „Die Inhalte und die Seiten festlegen" (siehe Seite 129 ff) und lassen sich inspirieren.

Ihre Homepage ist Ihr Schaufenster. Es soll Ihre Besucher und Besucherinnen einladen, sich mit Ihnen zu beschäftigen und Kontakt aufzunehmen. Lassen Sie sich nicht dazu verführen, alles ins Schaufenster zu stellen, was Sie können und haben. Das Ergebnis wäre der gefürchtete Bauchladen.

Ressourcen/Blog

Wenn Sie sich dazu entscheiden, einen Blog zu betreiben, ist hier der geeignete Platz dafür. Ebenso gut können Sie an dieser Stelle Whitepapers, Videos, Podcasts oder Events zum Kennenlernen präsentieren.

Wer spricht?

Im nächsten Modul geht es um Ihre Anbieterpersönlichkeit. Ein möglicher Kunde interessiert sich

- für Ihre Berufserfahrung,
- dafür, wie Sie arbeiten
- und dafür, was für ein Typ Sie sind.

Stellen Sie sich zunächst in zwei Sätzen vor

Eine ausführliche Über-mich-Seite legen Sie zusätzlich an. An dieser Stelle geht es darum, Ihre Besucher und Besucherinnen neugierig zu machen. Wie stellen Sie sich in zwei Sätzen vor? Mein Vorschlag: Was möchten Sie für Ihren Kunden erreichen? Worauf legen Sie wert? Was ist Ihnen wichtig?

So schaffen Sie Identifikation, ohne weitschweifig zu werden. Hier sind noch ein paar Ideen:

- Haben Sie eine Art Glaubensbekenntnis – fünf Regeln für die Kommunikation etwa?

- Denken Sie noch einmal an die Projekte, die Sie abgelehnt haben oder nicht noch einmal haben wollen: Was war da los? Können Sie anhand dieser Projekte eine Liste aufstellen nach dem Muster: „Was ich nicht möchte ... Was ich möchte?" Davon können Sie ableiten, was Ihnen bei Ihrer Arbeit wichtig ist.

- Personaler interessieren sich für Ihr persönliches Tempo. Gehören Sie zu der „Hands on"-Fraktion oder gehen Sie langsam vor und dafür gründlich? Beschreiben Sie, worauf es Ihnen ankommt. Beides hat seine Berechtigung. Die Personalentscheiderin will den richtigen Partner für ihre Aufgabe haben. Lassen Sie sich bitte nicht verunsichern.

- Haben Sie sich einen Prozess zurechtgelegt, mit dem Sie arbeiten? Ihrer Kundin gibt er das Gefühl, dass Sie wissen, was zu tun ist, und sie erfährt, in welchen Schritten Sie vorgehen.

- Haben Sie Referenzen von Kunden oder Kundinnen, die Ihre Arbeitsweise beschreiben?

„Schönheit reicht, um ins Auge zu fallen. Aber man benötigt Charakter, um im Gedächtnis zu bleiben", soll Coco Chanel gesagt haben. Wie wahr! Wenn Sie Ihren Typ beschreiben können – herzlichen Glückwunsch! Dies ist die hohe Kunst. Nicht immer gelingt es. Vielleicht aber finden Sie hier eine Anregung.

Trusts/Referenzen

Von der Bedeutung der vertrauensbildenden Informationen war bereits ausführlich die Rede (siehe Seite 77 ff). Weiter oben auf der Seite hatten Sie schon einen ersten Trust eingebaut, nach den ersten Informationen ist nun Platz für ausführlichere Trusts. Bitte stellen Sie zusammen, was Sie auf Ihrer Homepage veröffentlichen wollen:

Mögliche Trusts auf Ihrer Website

- Kundenstimmen
- Aussagekräftige Zahlen wie zufriedene Kunden oder durchgeführte Workshops.
- Bücher und Zeitungsartikel von Ihnen
- Kooperationen
- Mitgliedschaften
- Dozententätigkeit
- Externe Untersuchungen, Statistiken und Expertenzeugnisse

Handlungsaufforderung/Call-to-Action

Wie soll Ihre Besucherin mit Ihnen in Kontakt treten: anrufen? Eine E-Mail schreiben? Informationen anfordern? Bieten Sie einen Rückrufservice an? Halten Sie ein Webinar, in dem Sie sich vorstellen? Oder soll sie gleich bestellen?

Für welche Variante Sie sich entscheiden, hängt von Ihrem Angebot ab und davon, wie „reif" Ihre Kundin ist. Die Entscheidung für einen Selbstlernkurs zu 50 Euro fällt leichter, als einen Auftrag für ein Change-Projekt zu vergeben. Überlegen Sie also, was zu Ihrem Angebot und Ihren Kunden und Kundinnen passt.

Tipp!
Stöbern Sie im Kapitel über die Call-to-Actions (siehe Seite 176 ff) und lassen Sie sich inspirieren.

Können Sie Ihrer Besucherin direkt bei der Kontaktaufnahme einen Nutzen in Aussicht stellen? Das wäre eine tolle Ergänzung. Vielleicht können Sie schon im ersten Gespräch das Problem eingrenzen oder sie bekommt für sie attraktive Informationen? Überlegen Sie doch einmal, was Sie Ihrer möglichen neuen Kundin direkt zusagen können.

Fußzeile

Sie haben es fast geschafft. Was jetzt noch fehlt, ist die Gestaltung der Fußzeile. Auch die Fußzeile entwerfen Sie nur einmal. Sie ist auf allen Seite Ihrer Website sichtbar.

Was gehört in die Fußzeile?

- Ihre vollständigen Kontaktdaten sollten Sie auf jeden Fall einstellen.
- Laden Sie Ihre Besucher ein, Ihnen auf Ihren Social-Media-Kanälen zu folgen, wenn Sie das möchten und dort aktiv sind.
- Vielleicht bieten Sie weitere Möglichkeiten an, Sie kennenzulernen, Webinare etwa. Auch darauf können Sie in der Fußleiste verweisen.
- Fügen Sie am besten in der Fußleiste einen Link zu Ihrem Impressum und zum Datenschutz ein. Für eine rechtssichere Ausgestaltung dieser Informationen fragen Sie bitte Ihren Anwalt oder nutzen Sie einen Service wie den von e-recht24.

Ihre rechtlichen Informationen in die Fußzeile zu legen, hat drei Vorteile:

- Der Ort ist gelernt. Ihre Besucher und Besucherinnen suchen dort.
- Ihre rechtlichen Informationen sind von allen Seiten Ihrer Website mit zwei Klicks zu erreichen – wie es rechtlich gefordert ist.
- Sie kommen Ihren Verpflichtungen nach, ohne die aufmerksamkeitsstarken Positionen an Ihre Rechtstexte zu verschwenden.

Legen Sie also für Ihre Rechtstexte eigene Seiten an und verlinken Sie diese in der Fußleiste. Fragen Sie außerdem Ihre technische Begleitung nach einem Cookie-Consent und fügen ihn in Ihre Website ein. Ein Cookie-Consent fragt die Benutzer und Benutzerinnen nach der Erlaubnis, nutzerbezogene Daten einzuholen.

Tipp!

Wenn Sie von der Vorlage abweichen möchten, achten Sie auf die Gestaltung der ersten Bildschirmansicht. Website-Profis sprechen von „Above the Fold". Gemeint ist der Teil Ihrer Homepage, den Besucher und Besucherinnen sehen, bevor sie mit dem Scrollen anfangen. Schon diese erste Ansicht sollte Ihre Kernaussage transportieren und ein vertrauensbildendes Element enthalten.

15

Die Angebotsseite

Wie Sie Besucher und Besucherinnen gewinnen und halten.

Eine gut gemachte Angebotsseite lädt Ihre Besucher und Besucherinnen ein, sich mit Ihnen und Ihrem Angebot zu beschäftigen und sich auf Ihrer Website umzusehen. Eine gut gemachte Angebotssseite erfüllt diese Aufgaben:

Die Aufgaben Ihrer Angebotsseite

- Sie bietet einen Überblick über Ihre Leistung an.
- Sie weckt Interesse und Vertrauen.
- Sie lädt dazu ein, Kontakt zu Ihnen aufzunehmen und sich auf Ihrer Website weiter umzusehen.

Dazu beantwortet Ihre Angebotsseite Fragen, die jeder Noch-nicht-Kunde zwangsläufig hat: Was bekomme ich hier? Bin ich gemeint? Funktioniert die Lösung auch für mich? Hat das schon einmal jemand vor mir ausprobiert? Wie kommen wir zusammen?

Die wichtigsten Bestandteile einer Angebotsseite

Eine Angebotsseite sollte folgende Bestandteile enthalten:

Titel	Der Titel sollte kurz, prägnant und ansprechend sein. Er sollte das Hauptthema der Angebotsseite auf den Punkt bringen. **Beispiel:** *„Auftrittscoaching für Führungskräfte"*
Sub-Titel	Der Sub-Titel sollte den Titel ergänzen und weitere Informationen zum Angebot liefern. Greifen Sie auf die Nutzenargumente aus der Vorbereitung zurück und sprechen Sie den wichtigsten Vorteil sowie Ihre Zielkunden an. **Beispiel:** *„Sicher, frei und überzeugend in Mitarbeitergesprächen und Vorstandsterminen"*

Angebot	Das Angebot sollte in einem klaren und verständlichen Stil präsentiert werden. Denken Sie an das „Why"-Prinzip und konzentrieren Sie sich im ersten Absatz auf die Wünsche Ihrer Kunden, bevor Sie zu den Eigenschaften kommen. **Beispiel:** *„Charismatische Persönlichkeiten beherrschen die Kunst, ihre Ideen überzeugend zu präsentieren. Sie entfachen Begeisterung und motivieren andere, gemeinsam in die Zukunft zu gehen. Denken Sie an inspirierende Führungspersönlichkeiten wie John F. Kennedy, Steve Jobs oder Barack Obama ...* *Was jedoch oft übersehen wird: Auch diese Ikonen haben ihren Auftritt trainiert und ihre Persönlichkeit gezielt eingesetzt.* *Im Auftrittscoaching erfahren Sie ..."*
Kundenstimmen/Trusts	Kundenstimmen helfen, Vertrauen und Glaubwürdigkeit herzustellen. Sie sollten nicht fehlen. Wenn Sie weitere vertrauensbildende Informationen an der Hand haben – bitte schön!
Handlungsaufforderung	Fordern Sie Ihre Besucher und Besucherinnen auf, den nächsten Schritt zu gehen. Was wünschen Sie sich – anrufen, Termin vereinbaren, E-Mail schreiben? Sie haben die Wahl. **Beispiel:** *„Entdecken Sie Ihr persönliches Potenzial, Begeisterung zu entfachen! Lassen Sie uns gemeinsam darüber sprechen."* Mit **Button:** *„Jetzt kostenloses Beratungsgespräch sichern."*

Tipp!

Lassen Sie sich auch hier ein erstes Feedback geben von ChatGPT und Google Gemini. Passen Sie dazu einfach den Prompt aus dem vorherigen Kapitel an:

Dies ist der Entwurf für ein Angebot auf meiner Homepage, und zwar Titel, Sub-Titel, Nutzen, Eigenschaften, Trust und Call-to-Action. Analysiere den Text aus der Perspektive eines erfahrenen Werbetexters: Wie würdest du den Entwurf optimieren?

Dies ist der Entwurf:
Titel: [Titel]
Sub-Titel: [Sub-Titel]

Nutzen:
[Nutzen 1]
[Nutzen 2]
[Nutzen 3]

Eigenschaften:
[Eigenschaft 1]
[Eigenschaft 2]
[Eigenschaft 3]

Trusts:
[Trust 1]
[Trust 2]

Call-to-Action: [Call-to-Action]

Die passenden Blogartikel regen zum Weiterlesen an

Tipp!

Die Angebotsseite soll Ihre Besucher und Besucherinnen dazu einladen, sich mit Ihnen und Ihrem Angebot zu beschäftigen. Deshalb ist eine Angebotsseite ein geeigneter Ort, um ausgewählte Artikel Ihres Blogs einzublenden – und zwar im Anschluss an Ihr Angebot. Sie erinnern sich an das Thema „Entscheidungsabkürzungen“ (siehe Seite 67 ff) aus dem ersten Teil des Buches und meine Empfehlung, Vor- und Nachteile von Lösungsansätzen oder Erfahrungen zu diskutieren? An dieser Stelle wird die Sache rund, wenn Sie die Chance nutzen, diese Artikel direkt mit Ihrem Angebot auf der Seite zusammenzuführen.

16

Die Landingpage

Wie Sie Ihre Besucher ablenkungsfrei zum gewünschten Ziel bringen

Was ist eine Landingpage und wie funktioniert sie?

Eine Landingpage ist eine Webseite, die für ein bestimmtes Ziel erstellt wird. Das Ziel kann etwa sein,

- einen Termin zu vereinbaren,
- einen Verkauf zu tätigen,
- eine Anmeldung zu erhalten.

Landingpages sind ablenkungsfrei

Eine wichtige Eigenschaft von Landingpages ist, dass sie ablenkungsfrei sind. Das bedeutet, dass sie nur diejenigen Informationen enthalten, die Ihr Besucher oder Ihre Besucherin benötigt, um die gewünschte Handlung auszuführen. Im Idealfall folgt Ihr Besucher Ihrem Text, rutscht quasi hindurch und folgt Ihrer Aufforderung.

Landingpages sind losgelöst von Ihrer Website

Eine zweite Eigenschaft von Landingpages ist, dass sie von Ihrer übrigen Website losgelöst sind. Oft haben sie eine eigene URL und sind demnach so etwas wie eine eigenständige Webseite im Netz.

Landingpages können, technisch gesehen, auch Teil Ihrer Website sein. Dann allerdings werden die Navigation und der Footer ausgeblendet. Ihr Besucher oder Ihre Besucherin soll von nichts abgelenkt werden.

Typische Einsatzfelder

Landingpages werden in vielen verschiedenen Bereichen eingesetzt. Hier sind einige Beispiele:

Einsatzbereiche von Landingpages

- Terminvereinbarungen für ein kostenloses Erstgespräch
- Verkauf oder Preisanfrage
- Abonnenten für den Newsletter gewinnen

- E-Book-Download
- Whitepaper-Download
- Anmeldung zu einem Webinar

Der Aufbau einer Landingpage

Der Aufbau einer Landingpage folgt meist dem QUEST-Prinzip. Das Akronym steht für:

Aufbau nach dem QUEST-Prinzip

- **Qualify:** Der erste Schritt zielt darauf ab, den Besucher oder die Besucherin zu qualifizieren. Das bedeutet, Ihr Besucher oder Ihre Besucherin soll erkennen, inwieweit das Angebot für sie geeignet ist.
- **Understand:** Danach gilt es, dem Besucher oder der Besucherin zu vermitteln, dass er oder sie ein Problem hat.
- **Educate:** Anschließend machen Sie deutlich, dass Sie die Lösung für sein oder ihr Problem haben.
- **Stimulate:** Motivieren Sie den Besucher oder die Besucherin danach, die gewünschte Handlung auszuführen.
- **Transition:** Zum Schluss führen Sie den Besucher oder die Besucherin zur gewünschten Handlung.

Landingpages können sehr umfangreich gestaltet sein oder nur kurz

Der Umfang einer Landingpage hängt von der Aufgabe ab. Der Verkauf eines mehrtägigen Seminars verlangt mehr Information als die Einladung, einen Newsletter zu abonnieren.

Weiter unten finden Sie nach dem Beispiel für eine kurze Seite auch ein Textschema für eine umfangreiche Landingpage. Wenn Sie Ihre Landingpage leichtgewichtiger gestalten möchten, folgen Sie Ihrer Intuition und lassen die überflüssigen Teile weg.

Beispiel für einen kurzen Text

Im Beispiel lädt ein Coach dazu ein, ein Whitepaper herunterzuladen, um damit einen Abonnenten für seinen Newsletter zu gewinnen.

Textbeispiel für eine kurze Landingpage

Textabschnitt	Beispiel
Qualify	*„Fortbildungen, Networking-Events, Zusatzprojekte: Sie tun viel für Ihre Karriere, doch Sie sind sich unsicher, ob Ihr Einsatz wirklich lohnt."*
Understand	*„Fragen Sie sich manchmal, wo Sie Ihren Fokus legen sollten? Ihr Engagement kostet schließlich Zeit und Kraft. Und beides ist kostbar."*
Educate	*„Mithilfe der Übung aus meinem Leitfaden ‚Weniger tun, mehr erreichen' bewerten Sie Ihre Aktivitäten und finden heraus, mit welchen Sie die größte Wirkung erzielen."*
Stimulate	*„Die Übung dauert nur 90 Minuten. Doch der Einsatz spart Ihnen viel Zeit und Umwege. „*
Transition	*„Laden Sie sich jetzt meine Gratis-Anleitung herunter und führen Sie die Übung durch."*

Tipp!

Auch die KI kann Ihnen wieder weiterhelfen. Sie erinnern sich an die Prompt-Vorlage aus dem Kapitel über die Homepage (siehe Seite 158)? Passen Sie sie einfach an, um die Wirksamkeit Ihres Entwurfs zu testen. Es ist ein ähnliches Schema:

Dies ist der Entwurf für eine Landingpage auf meiner Homepage. Sie ist entlang der QUEST-Formel aufgebaut. Ziel ist es, [Ziel]. Analysiere den Text aus der Perspektive eines erfahrenen Werbetexters: Wie würdest du den Entwurf optimieren?

Dies ist der Entwurf:
Titel: [Titel]
Sub-Titel: [Sub-Titel]
Qualifiy: [Qualify]
Understand: [Understand-Textentwurf]
Educate: [Educate-Textentwurf]
Stimulate: [Stimulate-Textentwurf]
Transition: [Transition-Textentwurf]

Textmuster für eine umfangreiche Landingpage

Download: Leitfaden für Landingpages

Textabschnitt	Ihr Text
Qualify – Qualifizieren	
Titel und Sub-Titel	Tragen Sie hier Ihren Titel und Untertitel ein.
Qualifizieren Sie Ihre Kunden und Kundinnen.	Tragen Sie Ihre Formulierung ein, die Ihre Kunden beschreibt. Etwa so: *„Angebot/Coaching/Seminar/Workshop für alle [Kundengruppe], die …"*
Understand – Verstehen	
Holen Sie Ihre Kunden und Kundinnen in deren Situation ab.	Wie erlebt Ihr Kunde seine Situation, bevor Sie die Zusammenarbeit aufnehmen? Finden Sie eine Formulierung, etwa so: *„Kunden berichten mir regelmäßig von [übergeordnetes Problem]. Kommt Ihnen das bekannt vor?* ▶ *Hürde im Alltag 1* ▶ *Hürde im Alltag 2* ▶ *Hürde im Alltag 3"*
Educate – Informieren	
Präsentieren Sie Ihre Lösung.	Entwerfen Sie nun eine wünschenswerte Zukunft. Sprechen Sie dabei nicht nur die Ratio an, sondern auch die Emotionen und lassen Sie Ihre Kunden die positive Zukunft spüren. Finden Sie eine Formulierung, etwa in der Form: ▶ *„Was halten Sie davon …?"* ▶ *„Wie wäre es, …?"* ▶ *„Eigentlich wünschen wir uns doch etwas anderes, nämlich … Die [vorbildliche Referenzgruppe] hat es geschafft. Und Sie können das auch."*
Stimulate – Stimulieren	
Zeigen Sie die Ergebnisse Ihres Angebots.	Kommen Sie jetzt auf die Vorteile und Ergebnisse Ihres Angebots zu sprechen. Bitte lassen Sie die Eigenschaften Ihres Angebots an dieser Stelle noch beiseite und beschreiben ausschließlich das, was Ihre Kunden und Kundinnen am Ziel erwartet.

Textabschnitt	Ihr Text
Liefern Sie Beweise.	Weshalb dürfen Ihnen Ihre Kunden Vertrauen schenken? Denken Sie an Kundenstimmen, Siegel, Mitgliedschaften, Bewertungen und Ähnliches mehr. Wenn Sie noch keine Kundenstimmen oder Success Storys vorweisen können, greifen Sie auf glaubwürdige Quellen wie Studien oder Statistiken zurück. Eine dritte Möglichkeit liegt darin, Ihre eigene Geschichte zu erzählen: Sind Sie dort angekommen, wohin Ihre Kunden möchten? Wie haben Sie das geschafft? Welche Erfahrungen haben Sie gemacht? Was qualifiziert Sie für Ihr heutiges Angebot? Welche Transformation haben Sie erlebt?
Transition – Überleiten	
Beschreiben Sie jetzt Ihr Angebot.	Was bekommen Ihre Kunden und Kundinnen mit dem Kaufabschluss? Listen Sie nun die Eigenschaften Ihres Angebots auf, wie Termin, Dauer, Ort, Begleitmaterial, technisches Equipment, Verpflegung, Vor- und Nachbereitung und anderes mehr. Erklären Sie auch, wie Sie Ihre Leistung ausliefern und nennen Sie ggf. den Preis.
Bonus (optional)	Ein Bonus steigert den „Will ich haben"-Faktor. Haben Sie einen zur Hand? Er sollte Ihr Angebot sinnvoll ergänzen.
Framing (optional)	Was passiert, wenn Ihre Kunden und Kundinnen nicht ins Handeln kommen? Stellen Sie Ihr Angebot in den Zusammenhang und ordnen Sie Ihren Preis ein.
Dringlichkeit (optional)	Erklären Sie Ihren Kunden und Kundinnen, weshalb sie jetzt buchen sollten: Die Plätze sind limitiert, der Bonus gilt nur bis ...
Ende 1	Sie wollen Ihre Kunden und Kundinnen für ein Kennenlerngespräch gewinnen? Schreiben Sie einen Satz dazu, zusammen mit den Kontaktdaten.
Ende 2	Sie wollen, dass Ihre Kunden und Kundinnen sofort auf den Bestellen-Button drücken? Fassen Sie mit einem Satz zusammen, was sie mit Ihrem Angebot bekommen und fordern Sie sie auf, den Button zu drücken.

Textabschnitt	Ihr Text
FAQ (optional)	Möglicherweise gibt es typische Einwände oder Fragen. Was wichtig ist, bislang aber noch keinen Platz gefunden hat, können Sie hier einstellen.

Tipp!

Landingpages sind vielseitig einsetzbar:

- Testen Sie neue Angebote, um herauszufinden, ob sie bei Ihrer Zielgruppe gut ankommen.
- Verbinden Sie Ihre Landingpage mit einer Vermarktungskampagne, um dieses eine Angebot bekannt zu machen und Kundinnen oder Leads zu gewinnen.
- Vermarkten Sie Angebote, die aus dem Rahmen Ihres übrigen Portfolios fallen, und verschlanken Sie so das Angebot auf Ihrer Website.

Einfache Angebotsseite oder Landingpage?

Sollten Sie eine einfache Angebotsseite schreiben oder eine Landingpage? Ich halte es so: Wenn das Ziel ein Kennenlerngespräch ist, verwende ich „einfache" Angebotsseiten. Auftrag der Angebotsseite ist es, neugierig zu machen. Im Gespräch können der Interessent und ich die Details klären.

Wenn der Interessent oder die Kundin ohne persönliche Rücksprache zu einer Handlung aufgefordert werden soll, muss man ihm oder ihr alle nötigen Informationen an die Hand geben. Dann passt das Muster für eine Landingpage besser.

17

Die Über-mich-Seite

Die Über-mich-Seite gerät häufig zur schwierigsten Hürde. Mit dieser Vorlage nehmen Sie sie mit Leichtigkeit.

Die Über-mich-Seite steht in der Besuchergunst gleich an zweiter Stelle, nach der Homepage. Deshalb lohnt es sich, ihr Aufmerksamkeit zu schenken. Ihre Noch-nicht-Kunden wollen wissen, mit wem sie sich potenziell in ein Boot setzen.

Hier ist eine Mustervorlage, an der entlang Sie arbeiten können:

In fünf Schritten zur Über-mich-Seite

1. Einleitung: Wer bin ich und was kann ich?

In der Einleitung sollten Sie sich kurz vorstellen und den Nutzen Ihres Angebots für Ihre Zielgruppe hervorheben. Verwenden Sie eine prägnante Überschrift und ein Foto von sich.

Beispiel:
„[Titel]
Ich heiße [vollständiger Name] und zeige Ihnen, wie Sie [ein konkretes Ziel] erreichen."

2. Nutzen für die Zielgruppe

In zweiten Abschnitt sollten Sie die Vorteile Ihres Angebots für Ihre Zielgruppe ausführlicher erläutern.

Jetzt schlägt die Stunde Ihrer SWOT-Analyse (siehe Seite 105 f) : Was macht die Zusammenarbeit mit Ihnen aus? Was ist Ihre Spezialität? Welche Schwerpunkte sind bei der Analyse deutlich geworden? Wie lautet Ihre persönliche Antwort auf die Fragen, Wünsche und Probleme Ihrer Kunden? Alternativ können Sie Beispiele dafür aufzählen, bei welchen Aufgaben Sie behilflich sind.

Beispiel:
„Bei mir sind Sie richtig, wenn ..." oder *„Ich helfe Ihnen bei ..."*

3. Nachweise

In diesem Abschnitt sollten Sie Belege für Ihre Expertise und Erfahrung liefern. Dazu können Sie Testimonials, Auszeichnungen, Zertifikate oder Links zu Ihren Referenzen verwenden.

> **Beispiel:**
> *„Hier sind einige Beispiele für meine Erfolge:*
>
> *[Testimonial von einer Kundin]*
> *[Auszeichnung]*
> *[Zertifikat]*
> *[Link zu einer Referenz]"*

Diese Aufzählung können Sie durch ausgewählte Aus- und Weiterbildungen ergänzen. Doch achten Sie darauf, dass diese Information zu Ihren Zielkunden spricht.

Visuelle Elemente statt einfacher Aufzählungen

Auch umfangreiche Erfahrung ist ein Argument für Sie – als reine Aufzählung jedoch etwas langweilig. Arbeiten Sie einfach visuell und greifen zu einem Balkendiagramm: Wie viele Jahre Führungserfahrung haben Sie? Wie lange sind Sie bereits in der Branche tätig? Wie viele Coachings und Beratungen haben Sie durchgeführt?

4. Persönliche Geschichte

Optional: Persönliche Informationen schaffen Vertrauen

Der persönliche Hintergrund kann dazu beitragen, Vertrauen aufzubauen und Ihre Authentizität zu unterstreichen. Sie ist eine Kann-Position. Wenn Sie sich für eine persönliche Geschichte entscheiden, achten Sie darauf, dass sie mit Ihrer Leistung in Beziehung steht, also:

- Weshalb tun Sie, was Sie tun?
- Was möchten Sie erreichen?
- Wie war Ihr Werdegang? (*„… ich habe versucht … zufrieden war ich erst …"*)
- Weshalb können Sie sich in Ihre Zielkunden einfühlen? (*„… auch mir erging es so … Meine Lösung …"*)

Gerade wenn Sie schon lange im Geschäft sind, können Sie sich auch damit positionieren, wofür Sie nicht zu haben sind.

Wenn Sie sich sozial, für die Umwelt oder andere Projekte engagieren, schreiben Sie gerne einen Satz dazu. Besonders elegant ist es, wenn Sie Ihr Engagement mit Ihrem geschäftlichen Tun verbinden können. Zwingend ist das jedoch nicht.

Beispiel:
„Ich habe schon immer [Ihre Leidenschaft] geliebt. Als ich [Ihre Herausforderung] erlebt habe, wusste ich, dass ich etwas ändern möchte. Deshalb habe ich mich entschieden, [Ihr Angebot] anzubieten.

Und deshalb lehne ich es heute ab, [was Sie nicht oder nicht mehr tun].

In meiner Freizeit engagiere ich mich für [Ihr Thema]. Das Projekt liegt mir am Herzen, weil [Ihr Antrieb]."

5. Call-to-Action

Zum Schluss sollten Sie Ihre Leser und Leserinnen zum Handeln auffordern. Ermöglichen Sie ihnen, mit Ihnen in Kontakt zu treten, um mehr zu erfahren oder Ihr Angebot zu nutzen.

Beispiel:
„Möchten Sie mehr erfahren? Dann schauen Sie sich bei [Seite(n) Ihrer Website mit den weiterführenden Informationen] auf meiner Website um oder kontaktieren Sie mich direkt."

Tipp!
Wenn Sie sich von visuellen Vorlagen inspirieren lassen möchten, schauen Sie sich doch einmal auf der Website des Vorlagenanbieters Astra um. Sie finden dort mehrere Templates (Vorlagen), auch für Beratung und Coaching. Klicken Sie auf „Live Preview" und schauen Sie sich an, wie Website-Profis eine ideale Website sehen. Ein Muster für eine Über-mich-Seite finden Sie hier: *https://websitedemos.net/business-consulting-02/about/*

18

Effektive Call-to-Actions

So kreieren Sie unwiderstehliche Call-to-Actions.

Was macht einen wirklich guten Call-to-Action aus? Im Netz gibt es unzählige Artikel zu dem Thema, doch meist geht es um die Platzierung, die Farbigkeit und die Größe der Call-to-Action-Buttons. Eine entscheidende Frage wird dabei oft vergessen:

Mit welchem Angebot holen Sie Ihre Besucher und Besucherinnen ab, sodass sie bereit sind, den nächsten Schritt mit Ihnen zu gehen?

Was ist derart reizvoll, dass sie gar nicht anders können, als „Ja" zu sagen und zu klicken?

Call-to-Value

In einer LinkedIn-Diskussion sprach jemand vom „Call-to-Value". Ein tolles Wort! Denn genau darum geht es. Ob Sie ein Strategiegespräch, ein Whitepaper oder einen Probezugang zu einem Training anbieten: Jeder Schritt auf Sie zu sollte aus der Sicht Ihrer Besucher und Besucherinnen wertvoll sein.

Ein Strategiegespräch anzubieten, ist eine gute Idee. Sie sollten jedoch den Inhalt des Gesprächs und den Benefit deutlich machen.

Sie merken, worauf das Ganze hinausläuft: Für einen wirkungsvollen Call-to-Action müssen Sie wissen ...

- wer Ihre Kunden sind.
- mit welchen Fragen und Schmerzen sie sich beschäftigen.
- wie Sie ihnen helfen können.
- welches kleine Angebot Sie ihnen machen können, bevor sie Ihre Kernleistung buchen.

Für Ihren Call-to-Action benötigen Sie ein Angebot, das Ihre Kunden ins Herz trifft. Wenn diese Frage geklärt ist, können wir über den Text und die Gestaltung sprechen.

Was ist ein Call-to-Action?

Direkte Handlungsaufforderung

Mit einem Call-to-Action (CTA) fordern Sie Ihren Besucher unmittelbar auf, etwas zu tun: Sie anzurufen, einen Kennenlerntermin zu vereinbaren, sich in den Newsletter einzutragen oder ein E-Book herunterzuladen.

Viele denken ausschließlich an den Button und die Aufschrift. Andere zählen das Versprechen in Form eines Begleittexts dazu. Mir scheint Letzteres sinnvoll zu sein: Der Klick auf den Button ist nur noch der letzte Schritt. Seien Sie jedoch darauf gefasst, beide Varianten anzutreffen.

Wo stehen Call-to-Actions?

Call-to-Actions können an vielen Stellen Ihrer Website auftauchen, wie z.B.

Platzierung von CTAs

- Auf Ihrer Homepage (Startseite)
- Bei Ihren Blog-Beiträgen
- In der Sidebar
- Auf Ihren Angebotsseiten
- Auf der Über-mich-Seite

Call-to-Actions können an einem fixen Ort auf Ihrer Website eingebunden sein oder als Pop-up eingeblendet werden: zeitgesteuert, wenn Ihre Besucher und Besucherinnen eine Scroll-Marke überschreiten, ausschließlich auf bestimmten Seiten und anderes mehr.

Smart-CTAs gehen sogar noch einen Schritt weiter: Sie spielen Inhalte passend zum Status Ihrer Besucher und Besucherinnen aus. Erstbesucher sehen andere Inhalte als wiederkehrende Besucher.

Abb.: Auf dieser Website sehen Abonnenten automatisch andere Preise auf den Bestellbuttons als Nichtabonnenten.

Wenn Sie möchten, können Sie Ihre Website mit CTAs pflastern. Das allerdings wäre keine gute Idee, denn die Überfülle kann Ihre Besucher überfordern. Zu viel Auswahl macht unsicher. Ein Call-to-Action im ersten Drittel einer Webseite und einer am Ende ist eine gängige und tragfähige Kombination. Manchmal lohnt es sich, zwei Call-to-Actions direkt nebeneinander anzubieten, etwa ein Video („Jetzt ansehen!") und einen Button, um ein Strategiegespräch zu buchen. Legen

Sie in solchen Fällen eine Hierarchie der Call-to-Actions fest und achten Sie auf eine übersichtliche Präsentation.

Die Gestaltung Ihrer Call-to-Actions

Wenn Sie Ihre künftige Website mit einer Designvorlage erarbeiten, ist die Gestaltung eines Buttons bereits hinterlegt. Auch Ihr Webdesigner kennt sich mit Schriftgröße, Kontrast, Farbigkeit usw. aus.

Buttons kennen Sie. Sie sind gängig und vertraut. Weitere Umsetzungen von Call-to-Actions sind etwas diese:

Zwei Alternativen zum Button

1. Schriftzug
Textbasierte CTAs sind eine einfache und unaufdringliche Art, einen Call-to-Action zu platzieren. Sie sind besonders gut geeignet, wenn Sie einen längeren Text verfassen möchten.

Abonnement

Wir bieten verschiedene Abonnement-Möglichkeiten an:

- **Probeabo:** 3 Ausgaben für 25 €
- **Normalabo:** 6 Ausgaben für 68 € im Jahr
- **E-Journal-Abo:** 6 Digitalausgaben für nur 55 € im Jahr
- **Studentenabo:** 6 Ausgaben nach Vorlage einer gültigen Immatrikulations-Bescheinigung für 52 € im Jahr.
- **Studentenabo E-Journal:** 6 Digitalausgaben nach Vorlage einer gültigen Immatrikulations-Bescheinigung für 45 € im Jahr.
- **Jahresabonnement:** entspricht dem Normalabo mit dem Unterschied, dass es sich nach einem Jahr nicht automatisch verlängert.
- **Geschenkabo**

Hier können Sie **PRAXIS KOMMUNIKATION abonnieren.**

Abb.: Der Call-to-Action ist hier ein farbig abgesetzter Schriftzug nach den Angebotsdetails.

2. Abgesetzte Box inklusive Button und Schrift
Grafiken, Bilder und Fotos sind eine Möglichkeit, einen Call-to-Action ansprechend zu gestalten. Sie sind besonders gut geeignet, wenn Sie ein bestimmtes Gefühl oder eine Stimmung hervorrufen möchten.

Auch dies ist eine gängige Variante: ein Bild-Button, der zu einer Landingpage führt:

Abb: Der Bild-Button führt Besucher über eine klare Handlungsaufforderung zur passenden Landingpage.

Diese Fehler sollten Sie vermeiden

Zwei typische Fehler und wie Sie sie umgehen

Den Call-to-Action vergessen

Der größte Fehler ist, keine Aussage über den nächsten Schritt zu treffen. Ihre Besucher und Besucherinnen möchten geführt werden. Sagen Sie ihnen, wie es mit Ihnen beiden weitergeht.

Ihr To-do nicht auf den Punkt bringen

Ihre Website hat einen Auftrag. Im Call-to-Action spitzt sich dieser Auftrag zu. Was möchten Sie erreichen? Sollen sich die Besucher zum Newsletter anmelden oder zu einem Event? Treffen Sie Ihre Auswahl:

- Legen Sie den Zweck und das Ziel Ihres Call-to-Actions fest. Was möchten Sie erreichen?

- Texten Sie eine Handlungsaufforderung. Gestalten Sie sie so, dass Ihre Besucher wissen, was sie nach dem Klick erwartet.
- Kommunizieren Sie einen Mehrwert, den Ihre Besucher haben, wenn sie den nächsten Schritt mit Ihnen gehen.
- Entwerfen Sie einen Button-Text im Umfang von zwei bis drei Wörtern.
- Platzieren Sie Ihren Button so, dass er möglichst ohne zu scrollen sichtbar wird.
- Seien Sie sparsam mit verschiedenartigen Angeboten. Wenn Sie dennoch unterschiedliche Call-to-Actions anbieten, sorgen Sie inhaltlich und optisch für eine klare Unterscheidung.

19

Kundenstimmen und Referenzen

Positive Bewertungen sind wichtig. Doch wie bekommen Sie sie?

Wir alle kaufen immer mehr im Netz. Auch unsere Kunden und Kundinnen. Damit kommen Referenzen und Bewertungen ins Spiel: Sie sind ungeheuer wichtig, um das Vertrauen unserer Noch-nicht-Kunden zu gewinnen. Positive Bewertungen zahlen direkt auf Ihr Business ein, denn Ihre Noch-nicht-Kunden orientieren sich an ihnen.

In den Kommentaren zu einem meiner LinkedIn-Posts berichteten einige Follower, dass es immer schwieriger wird, Kunden und Kundinnen für eine Referenz zu gewinnen.

Weshalb das so ist, weiß ich nicht. Vielleicht fühlen sich einige unbehaglich, ihre Meinung in der Öffentlichkeit zu vertreten. Anderen wissen vielleicht nicht, was sie schreiben sollen. Oder es ist ihnen alles zu umständlich.

Versuchen Sie es doch einmal so:

Wie Sie Ihre Kunden zum Feedback-Geben motivieren können

1. Spontane Begeisterung nutzen

Wenn eine Kundin spontan Positives zu Ihnen äußert, sollten Sie diese Worte unbedingt festhalten. Fragen Sie, ob Sie die Aussage als Zitat verwenden dürfen. Das ist die authentischste Art, eine Referenz zu bekommen.

2. Leitfaden für umfangreichere Referenzen

Manchmal braucht ein Kunde ein bisschen Starthilfe, um eine ausführlichere Referenz zu schreiben. Geben Sie ihm einen Leitfaden mit Fragen an die Hand, die er beantworten kann. Der Leitfaden könnte zum Beispiel so aussehen:

- Was war die Aufgabe, die Sie für den Kunden erledigt haben?
- Was haben Sie gemeinsam mit dem Kunden gemacht?
- Was waren die Ergebnisse Ihrer Arbeit?

- Wie war die Zusammenarbeit mit dem Kunden?
- Warum würde der Kunde Sie weiterempfehlen?

Ich habe gute Erfahrungen damit gemacht, Kunden ihre Gedanken aufsprechen zu lassen. Das Tippen habe ich selbst übernommen. So nehmen Sie Ihrem Kunden mühsame Arbeit ab und kommen dennoch zu einer aussagekräftigen Referenz, die Sie auf Ihrer Website oder in Ihrem Marketingmaterial verwenden können.

3. Schnelle Sterne-Bewertungen bei Google Unternehmensprofile oder anderen Bewertungsportalen

Wenn Sie es schnell und einfach haben möchten, können Sie Ihre Kunden um eine Sterne-Bewertung bei Google Unternehmensprofile oder einem anderen Bewertungsportal bitten. Das dauert nur einen Moment und hat trotzdem einen großen Effekt.

Übrigens: Diese Bewertungen können Sie leicht in Ihre Website integrieren.

Tipp!

Viele Website-Betreiber bündeln ihre Referenzen auf einer Seite. Dem Website-Besucher bleibt es damit überlassen, eine passende Referenz zu der Leistung zu suchen, für die er sich interessiert. Kundenfreundlicher ist es, die Referenzen auf der jeweils passende Angebotsseite einzubinden. Auf der Startseite können Sie dann diejenigen Referenzen einstellen, die etwas allgemeiner gehalten sind. Oder Sie treffen eine Best-of-Auswahl.

20

Snippets

Wie Sie mithilfe von knappen Suchmaschineninformationen Ihrer Website Besucher zum Klicken einladen.

„Snippet" ist das englische Wort für „Schnipsel". Gemeint ist das, was Sie von den Seiten Ihrer Website in den Suchergebnislisten einer Suchmaschine sehen. Dazu gehören:

- Der Titel
- Die URL
- Die Meta Description

Die Aufgabe eines Snippets ist es, den Benutzern und Benutzerinnen der Suchmaschine in kurzer Form eine sinnvolle Information zu liefern, die möglichst optimal zur Suchanfrage passt und zum Klicken einlädt.

Abb.: Beispiel für ein Snippet in der Suchmaschinendarstellung.

Der SEO-Profi Sistrix beschreibt ein Snippet als Schaufenster zu Ihrer Website. Die Besucher und Besucherinnen bekommen einen Vorgeschmack von dem, was sie auf Ihrer Website erwartet.

Viele Website-Systeme leiten von Ihren H1-Überschriften und den ersten Zeilen Ihrer Website die Informationen für die Snippets ab. Die Ergebnisse können unbefriedigend ausfallen. Gestalten Sie deshalb Titel, URL und Meta Description besser selbst.

Tipp!

Prüfen Sie bitte, inwieweit Ihr System Ihnen das Leben vereinfacht und die Gestaltung von Titel, URL und Meta Description explizit vorsieht. Fragen Sie andernfalls Ihren Webdesigner oder Ihre Webdesignerin. Für WordPress gibt es etwa unter dem Namen „Yoast" ein Zusatzprogramm, ein sogenanntes Plug-in. Eine Alternative ist „All in One SEO".

Tipps für die SEO-freundliche Optimierung von Snippets

Titel

Der Titel zahlt direkt auf das Ranking einer einzelnen Seite Ihrer Website ein.

Erfolgreiche Titel formulieren

- Verwenden Sie ein Hauptkeyword weit vorn im Titel.
- Jede Seite Ihrer Website benötigt einen eigenen Titel.
- Formulieren Sie den Titel so, dass der Inhalt der Seite auf den ersten Blick deutlich wird.
- Ein Call-to-Action wie „Hier Tipps abholen" kann zum Klicken anregen. Wichtig ist dabei, dass Sie die Suchintention Ihrer Zielkunden bedienen.
- Der Titel sollte nicht länger sein als 58 Zeichen. Google schneidet im Zweifel den Rest einfach ab. 40 bis 58 Zeichen sind ideal.
- Wenn Ihre Marke bekannt ist und zum Klicken anregt, lohnt es sich eventuell, die Marke in den Titel zu integrieren. Stellen Sie sie am besten an den Schluss Ihres Titels. Sollte Google einen Teil abschneiden, ist der Schaden weniger groß.

Meta Description

Die Meta Description selbst ist kein Ranking-Faktor. Allerdings hat sie entscheidenden Einfluss darauf, ob die Benutzer und Benutzerinnen Ihre Website anklicken. Eine einladende Meta Description schreiben Sie so:

Die Kurzbeschreibung entscheidet über den ersten Klick

- Begrenzen Sie die Länge: Für den Desktop sollte die Länge maximal 165 Zeichen betragen, für Mobilgeräte 118.
- Verwenden Sie auch in der Meta Description das zentrale Suchwort der Seite möglichst an erster Stelle.
- Beachten Sie die Intention der Suchenden.
- Ihre Meta Description sollte den Inhalt der Seite zutreffend wiedergeben.
- Schreiben Sie in kurzen, prägnanten Sätzen.

- Ein Call-to-Action kann zum Klicken anregen.
- Sonderzeichen und Symbole sorgen für zusätzliche Aufmerksamkeit. Wenn Sie sie verwenden, dann sparsam. Ein Zuviel wirkt unseriös.

URL

Automatisch erzeugte URLs sind für alle Beteiligten schwer zu lesen und zu verstehen – auch für die Suchmaschinen! Deshalb sollten Sie sie aktiv gestalten.

> **Beispiel für eine „schwierige" URL:**
> *www.xyz.de/neu_in_fuehrung_die_ersten_365_Tage*

Eine solche URL lässt sich kaum tippen, ohne Fehler zu machen. Zudem bleibt unklar, was den Besucher auf der Seite erwartet: Geht es um einen Artikel, ein Coaching oder ein Seminar?

> **Beispiel für eine einfache und eindeutige URL:**
> *www.xyz.de/fuehrungskräfte_seminar_einsteiger*

Diese Struktur ist sowohl kürzer als auch eindeutiger. Wenn Sie Ihre Website in drei Hierarchiestufen aufbauen, entstehen URLs der Form: *www.xyz.de/kategorie/fuehrungskräfte_seminar_einsteiger*

URLs sollten logisch und lesbar sein

Ihre URLs sollten

- Kurz und eindeutig sein.
- Die zentralen Schlüsselbegriffe beinhalten.
- Über alle Seiten Ihrer Website hinweg einer einheitlichen Logik folgen.

Zum Weiterlesen: Snippets optimieren

Wenn Sie mehr erfahren möchten, auch darüber, wie Sie Snippets ausgestalten können (Rich Snippets, Featured Snippets), dann schauen Sie sich hier um:

- Was ist ein Snippet? (omt): *https://www.omt.de/lexikon/snippet/*
- Snippet-Optimierung: Wie funktioniert sie? (Sistrix): *https://www.sistrix.de/frag-sistrix/onpage/snippets/*

Recherchieren Sie gerne mal bei Google: Sie werden staunen, wie viele Autoren sich mit Snippets beschäftigen. Snippets sind zu einem eigenen Feld der SEO-Optimierung aufgestiegen.

Snippets sind nicht zu 100 % planbar

Scheinbar ist es in der Vergangenheit zu Missbrauch gekommen, denn Google behält sich vor, die Snippets direkt aus Ihren Webseiten abzuleiten. Google möchte, dass die Besucher genau das bekommen, was die Snippets versprechen. Es kann deshalb passieren, dass Ihre Snippets anders ausfallen, als Sie es sich gedacht hatten.

21

Artikel schreiben mit KI

Wie Sie KI-Tools einsetzen und zugleich Ihre Originalität bewahren.

Inzwischen hat sich herumgesprochen, dass ausschließlich KI-generierte Texte nicht mehr sein können als eine Kopie dessen, was die Welt gemeinhin von einem Thema denkt. Die erste Euphorie hat einen Dämpfer bekommen.

Auch in meinem Alltag haben KI-Tools inzwischen einen festen Platz. Doch ich meine, dass wir Berater und Beraterinnen uns unsere Originalität nicht abkaufen lassen sollten. Kunden wenden sich an uns, weil wir sie inspirieren und ihnen Wege in eine wünschenswerte Zukunft zeigen. Einen Abklatsch der Mitte zu kommunizieren, scheint mir zu wenig zu sein.

Im Folgenden zeige ich Ihnen, wie ich zurzeit vorgehe. Nehmen Sie die Vorlage gerne und arbeiten Sie sie in eine eigene Vorgehensweise um.

In vier Schritten: Schreib-Workflow mit KI-Tools

Schritt 1: Mind-Map erstellen

Als ersten Schritt erstelle ich eine Mind-Map mit Ideen und Gedanken zum Thema. Dabei trage ich zuerst alles zusammen, was mir einfällt. Danach treffe ich eine Auswahl. Nicht alle Gedanken der ersten Runde kommen bis in die Schlussfassung des zu schreibenden Texts.

Schritt 2: Ersten Textentwurf schreiben

In einem zweiten Schritt zimmere (!) ich einen Textentwurf. Um Schönheit kümmere ich mich nicht. Stattdessen konzentriere ich mich auf den Inhalt und sorge dafür, dass der Entwurf fachlich korrekt ist und alle wichtigen Punkte enthält. Falls es etwas zu recherchieren gibt, ist jetzt die beste Gelegenheit dazu.

Schritt 3: KI-Tools einsetzen

Im dritten Schritt gebe ich den Textentwurf an ein KI-Tool weiter. Die KI benötigt einen aussagekräftigen Prompt, um mir helfen zu können. Ich sage ihr also, welche Art von Text ich haben möchte, und lasse die KI den Entwurf auf Vollständigkeit und Ausgewogenheit sowie Klarheit und Verständlichkeit prüfen.

Hier ist ein Beispiel für einen Prompt:

„Agiere aus der Perspektive eines [die Expertise, die Sie an Ihrer Seite haben möchten] mit 10 Jahren Erfahrung. Stelle dir vor, du würdest diesen Textentwurf für [eine Textform] für [Zielkunden] schreiben. Was würdest du streichen, ändern oder ergänzen?"

KI als Ratgeber

Wen also hätten Sie gerne als Ratgeber an Ihrer Seite? Sie haben die Wahl, vom Werbetexter über einen SEO-Profi bis zum Verkaufsprofi.

Bei den Zielkunden können Sie natürlich Berufsgruppen eintragen, wie z.B. „Führungskräfte am Start". Sie können aber ebenso gut Wünsche und Eigenschaften formulieren wie „Menschen mit Auftrittsangst".

Die KI wirft mir Empfehlungen aus, wie ich den Text verbessern kann. Ich entscheide dann, welche Empfehlungen ich annehme.

Schritt 4: Text in Form bringen

Im letzten Schritt bringe ich den Text in Form. Dabei kümmere ich mich um die folgenden Aspekte:

Die Feinarbeit

- Sprachstil und Tonlage
- Aufbau und Struktur
- Überschriften und Zwischenüberschriften

Arbeiten Sie etwa mit diesen Prompts:

Für einen gewünschten Sprachstil oder eine Tonlage:

„Übernimm die Stimme von [Name] und arbeite diesen Textentwurf um: ..."

„Mach diesen Textentwurf zu einem echten Blickfang. Wähle eine aktivierende Sprache. Der Tonfall soll optimistisch, freundlich und wohlwollend sein. Hier ist der Textentwurf: ..."

„Optimiere diesen Textentwurf in Richtung Conversional Writing. Der Text soll die Leser zum Handeln motivieren. Der Tonfall soll optimistisch, freundlich und wohlwollend sein. Wähle die Sie-Ansprache. Hier ist der Textentwurf: …"

Für einen gewünschten Aufbau und SEO-Optimierung:

„Schreibe [eine Textform], die in der Suchmaschine gefunden wird. Gib [der Textform] einen Titel, der das Interesse des Lesers weckt. Die Leser sind [Zielkunden]. Unterteile den Text in Abschnitte, die leicht zu lesen sind. Verwende relevante Keywords im Titel, in den Zwischenüberschriften und im Text selbst. Erstelle außerdem eine Meta Description, die den Inhalt des Artikels zusammenfasst und den Leser zum Klicken anregt. Der Suchbegriff lautet [Suchbegriff] und hier ist der Textentwurf: …"

Die Prompts sind keinesfalls in Stein gemeißelt. Arbeiten Sie sie für Ihre Zwecke um. Ich nutze KI-Tools als ersten Lektor, Strukturgeber und Formulierungsprofi.

Schleifen, feilen, prüfen, statt blind kopieren

Bislang habe ich noch keinen Text erhalten, den ich direkt hätte übernehmen wollen. Schleifen, feilen und prüfen ist immer dabei und ich bin noch nicht einmal sicher, ob ich mithilfe der KI-Tools schneller bin als ohne. Doch es ist eine Erleichterung und Beruhigung, nicht ganz allein an der Tastatur zu sitzen, sondern einen Kompagnon an der Seite zu haben, der mich vor groben Irrläufern bewahrt.

Ob Sie Angebotstexte für Ihre Website schreiben, Blogartikel oder LinkedIn-Posts: Versuchen Sie, einen Prozess zu entwickeln, der Ihnen über mögliche Schreibhürden hilft und der Sie schnell und mit gutem Ergebnis zum Ziel führt. Meine Vorlage mag ein Ausgangspunkt für Sie sein.

Tipp

Die Vorschläge einer KI können ausgesprochen suggestiv sein, sodass es schwerfällt, sich von ihnen wieder zu lösen. Auch mir ist es schon passiert, dass ich mit einer Idee gestartet bin – und geleitet von der KI ganz woanders landete. Deshalb ist es mir wichtig, zuerst meine eigenen Gedanken und Ideen festzuhalten.

Abschnitt 4

Praxisbeispiel

Das Beispiel unseres Musterkollegen führt Sie noch mal ganz praktisch durch die bisher angesprochenen Abschnitte. Danach sind Sie an der Reihe: Prüfen Sie Ihr eigenes Textwork anhand der Empfehlungen für gute Texte. Erfahren Sie in diesem Abschnitt:

- Wie ein passender Webauftritt beispielhaft funktionieren kann
- Wie der Weg dorthin aussehen könnte
- Und Empfehlungen dazu, wie Sie gut lesbare Texte entwickeln können

22 Textentwurf für einen Führungskräftetrainer 191
23 Feinschliff: Alles richtig? 198
24 Nun sind Sie an der Reihe!.. 201
25 Zweiter Check des Textworks...211

22

Textentwurf für einen Führungskräftetrainer

Kommen wir zum Praktischen und entwickeln einen Textentwurf anhand eines fiktiven Kollegen von Ihnen.

Die Ausgangssituation

Der Musterkollege ist ein Führungskräftetrainer in der IT. Das Besondere an ihm ist, dass er sich auf erfahrene Führungskräfte spezialisiert hat. Er kennt die Vorbehalte seiner Klientel gegenüber klassischen Trainings. Sie denken: „Zu unpraktisch, zu pauschal." Und: „Wer ist dieser Trainer eigentlich?", „Hat er Ahnung? Ist er einer von uns?" Deshalb hat der Trainer als Format eine Art kollegiales Coaching gewählt.

In größeren Unternehmen sind Gesprächsrunden wie diese ja nicht unüblich. In kleineren Unternehmen gibt es zu wenig spezialisierte IT-Führungskräfte für einen solchen Kreis. In diese Lücke springt er.

Seine Kunden findet er in der Technik und hier hauptsächlich in der Medizintechnik. Eine Hälfte seiner Kunden gewinnt er durch Empfehlungen, die zweite Hälfte kommt über das Internet auf ihn zu.

Hinsichtlich der Struktur seiner Website hat er sich überlegt, eine Startseite und eine zweite Seite aufzusetzen: Die Startseite widmet er den Seminaren für erfahrene Führungskräfte und dem Führungskräftecoaching. Die zweite Seite gilt der Teamentwicklung, die er zusammen mit Kollegen anbietet.

Gerade baut er seine Startseite auf. Wo er stolpert und wie er sich hilft, lesen Sie hier:

Die Startseite – Step by Step

Kopfzeile

Die Kopfzeile ist einfach. Er entscheidet sich, seine Mobilnummer, die E-Mail-Adresse sowie den Link zu einem Terminvereinbarungstool zu hinterlegen.

Titel: H1-Überschrift und Title Tag

Mithilfe des Google Keyword Planners hat der Trainer sein zentrales Schlagwort festgelegt, nämlich: „IT-Führungskräfte-Seminar". Dass er Trainings, Seminare und Workshops in einen Topf wirft, nimmt er billigend in Kauf.

Die Kunden suchen eben genau so. „IT-Führungskräfte-Seminar" ist ein recht umfangreicher Suchbegriff. 25 Zeichen sind damit bereits definiert.

Die Überschrift festlegen – gut investierte Zeit

Zuerst nimmt er sich die H1-Überschrift vor. Sie darf ja etwas länger sein als der Title Tag (die klickbare Überschrift in den Suchmaschinenergebnissen), der explizit Google gewidmet ist. Auf jeden Fall will er seine Besucher als erfahrene Leute von gleich zu gleich ansprechen. Mit dieser Idee im Kopf schreibt er auf, was ihm in den Sinn kommt:

- „IT-Führungskräfte-Seminar: Diskurs & Know-how für Profis"
- „IT-Führungskräfte: Seminare vom Praktiker für Profis"
- „IT-Führungskräfte-Seminar: erst gut, dann spitze"
- „IT-Führungskräfte-Seminar: diskutieren mit den Besten"
- „IT-Führungskräfte-Seminar: Update gegen den täglichen Wahnsinn"
- „IT-Führungskräfte-Seminar: Reboot für Profis"
- „IT-Führungskräfte-Seminar für das Mitarbeiter-Management"
- „IT-Führungskräfte-Seminar: Was Sie nur von Profis erfahren"
- „IT-Führungskräfte-Seminar: Was Profis jeden Tag tun"
- „IT-Führungskräfte-Seminar: Weshalb Sie nicht auf Trainer hören sollten"
- „IT-Führungskräfte-Seminar Hamburg"
- „IT-Führungskräfte-Seminar für die Medizintechnik"
- „IT-Führungskräfte-Seminar: Weiterbildung in der Profi-Liga"

Zwei Stunden später rauft er sich die Haare: Ist das anstrengend! Dabei liegt er gut in der Zeit. Die kleinen Texte und besonders die Überschriften sind das Schwierigste. Texterkollegen empfehlen, die Hälfte der Zeit auf die Überschrift zu verwenden. Die Investition lohnt, denn an der Überschrift entscheidet der Besucher, ob er in den Text einsteigt.

Schließlich wählt der Trainer als H1-Überschrift „IT-Führungskräfte-Seminar: Weiterbildung in der Profi-Liga" und ist für den Moment zufrieden: Mit 58 Zeichen ist die Überschrift angenehm kurz ausgefallen. Für den Title Tag muss er allerdings noch mindestens 3 Zeichen sparen. Er entscheidet sich für „IT-Führungskräfte-Seminar: Weiterbildung für Profis".

Der Sub-Titel

Nun fehlt der Sub-Titel oder die Unterzeile. Und seinen Namen hat er auch noch nicht genannt. Er probiert hin und her und entscheidet sich schließlich für folgende Form:

„Heinz Müller

IT-Führungskräfte: Weiterbildung für die Profi-Liga
Seminare, Coaching und Teambuilding in der IT – für erfahrene Führungskräfte.

Termin vereinbaren"

Meta Description

Es folgt die Meta Description. Der Trainer schreibt:

Das Wichtigste in Kürze

„IT-Führungskräfte wissen selbst am besten, was im Alltag funktioniert: Austausch, Impulse & Tipps von Praktikern für Praktiker. Verwertbar von Anfang an. Mehr erfahren."

Doch der erste Versuch ist zu lang. 12 Zeichen muss er sparen. Er startet also noch einmal:

„IT-Führungskräfte wissen selbst am besten, was im Alltag funktioniert: Austausch, Impulse & Tipps unter Kollegen. Verwertbar von Anfang an. Mehr erfahren!"

Bingo – es sind 153 Zeichen geworden! Das passt.

Die URL

Für die URL legt der Trainer fest: „IT-Fuehrungskraefte-Profis"

Die Pressezeile

Die Pressezeile bereitet unserem Trainer Kopfzerbrechen. Artikel zu schreiben, ist nicht sein Ding. An eine Sterne-Bewertung hat er sich bisher nicht herangetraut. Was jetzt?

Er sucht nach diesem großartigen Feedback, das ihm sein bester Kunde einmal zurückgespielt hat und wählt einen Satz daraus aus:

Kundenstimmen auswählen

„Mit Heinz Müller verbinden sich Erfahrung und ein innovativer Geist – unbedingt empfehlenswert!"

Der erste Satz: Kommt Ihnen das bekannt vor?

Der IT-Trainer experimentiert mit ersten Sätzen und verschiedenen Stilen:

Temporeich:
„IT-Führungskräfte wissen selbst am besten, was im Alltag funktioniert. Im Seminar diskutieren wir unter erfahrenen Kollegen über

- *Praxisfälle*
- *Selbstorganisation*
- *Führung*
- *persönliche Weiterentwicklung*

und finden direkt umsetzbare Lösungen."

Statusorientiert:
„Reden mit den Besten: In unseren Seminaren sprechen wir in exklusiven Kleingruppen im Kreis erfahrener Kollegen über

- *Selbstorganisation*
- *Führung*
- *und persönliche Weiterentwicklung"*

Texter-Trick: Schreiben Sie mit „kurzem Atem"

So richtig gefällt ihm nichts davon. Zu lang, zu umständlich. Deshalb greift er zu einem Texter-Trick. Er stellt sich vor, er würde joggen, sodass er eben noch mit seinem Kumpel reden kann. Wie würde er die Aufgaben und Hürden seiner Kunden beschreiben? Er holt tief Luft und schreibt:

„Da wird schon wieder so eine Management-Sau durchs Dorf getrieben. Und was bringt's? Die Kunden wollen sich weiterbilden. Sie haben Spaß an ihrem Job und wollen was bewegen. Aber sie haben zu viele Konzepte gesehen - davon haben sie genug."

Hui, das ist aber grob! Auch wenn er denkt, dass es stimmt. So kann er den Satz natürlich nicht stehen lassen. Seine zweite Version lautet deshalb

„Konzepte und Strategien kommen und gehen. Erst kommt der Hype und dann die Ernüchterung. Ein wahrer Kern steckt ja drin. Doch was hat wirklich Substanz?

Sie lieben ihren Beruf und wollen sich weiterbilden - jedoch nicht jedem Trend hinterherlaufen. Sie wünschen sich einen konstruktiven, kritischen Austausch mit Profis, der sie wirklich weiterbringt."

Schon besser, denkt er, aber noch immer zu umfangreich. Außerdem will er seine Kunden ja nicht als veränderungsunwillig abstempeln. Wie gut, dass er ChatGPT und Google Gemini an seiner Seite hat. Er fragt die KI, ob sie seinen Entwurf optimieren und um 30 Prozent kürzen kann und schneidert aus verschiedenen Versionen diese:

„Konzepte und Modelle kommen und gehen.
Doch was bewährt sich in der Praxis?

- *Sie wollen etwas bewegen: junge und erfahrene Mitarbeitende mitnehmen.*
- *Sie lieben Ihren Beruf und möchten sich weiterbilden.*
- *Jedoch nicht jedem Trend hinterherlaufen, sondern fundiertes Wissen aufbauen.*
- *Ein kritisch konstruktiver Dialog mit Profis, der Sie wirklich weiterbringt – das wär's!"*

Hm, die Aufzählung umfasst vier Sätze. Eigentlich ist das eine Position zu viel. Dennoch: So lässt er diesen Abschnitt erst einmal stehen.

Leistungen und Steckbrief

Es geht weiter mit den Leistungen und dem Steckbrief. Wie soll nun der Übergang gelingen, damit auf der Startseite ein schöner, fließender Gedankengang entsteht? Während er den vorherigen Textabsatz liest, fällt ihm auf, dass der kritische Dialog ja eigentlich schon die Leistung ist. Sehr gut! Der Trainer textet:

„Ein kritisch konstruktiver Dialog mit Profis, der Sie wirklich weiterbringt – das wär's! Richtig?

Ich bin Führungskräftetrainer in der IT-Branche und habe mich auf erfahrene Führungskräfte spezialisiert. Meine Kunden sind mittelständische Unternehmen mit bis zu 500 Mitarbeitenden zwischen Hamburg und München. Sie suchen Inspiration und Lösungen für Hürden in Projekten, Selbstorganisation, Führung und einen Dialog über den praktischen Einsatz von Methoden und Konzepten."

Die für Kunden relevantesten Leistungen selektieren

Nun muss eine Entscheidung her, denn der Trainer arbeitet in vielen unterschiedlichen Konstellationen. Seine Themen sind so vielfältig wie das echte Leben: Konflikte, Change, Resilienz, Führungsmodelle, Generationenkonflikte, Mitarbeitende finden und binden ... Zusätzlich baut sich gerade ein Kreis von Führungskräften auf, der sich regelmäßig zu Dialogrunden per Video trifft.

Er entscheidet sich für „Seminare", „Coaching" und „Teambuilding", denn der Dialogkreis setzt sich aus Teilnehmenden vergangener Trainings und Coachings zusammen. Als erste Leistung ist er weniger geeignet. Er schreibt:

„Seminare
Bis zu acht Teilnehmende, ein Thema und Lösungen, die sich in der Praxis bewährt haben.

Coaching
1:1-Coaching für die Entwicklung der Führungspersönlichkeit und aktuelle Herausforderungen.

Teambuilding
Aus Mitarbeitenden wird ein leistungsfähiges Team, das seine Ziele erreicht."

Ressourcen

Bei welchen Problemen und Aufgaben sollen Kunden auf ihn zukommen? Unser Trainer ist sich schmerzlich bewusst, dass er bisher noch wenig zu konkreten Fragen gesagt hat. Dabei gäbe es so viel zu berichten! Gerade hatte er wieder einen solchen Fall ...

Ein Blog würde diese Lücke schließen. Es müsste doch möglich sein, eine Handvoll Artikel zu entwerfen und sie von jemandem gegenlesen zu lassen. Es sagt ja keiner, dass man bis zum Sankt-Nimmerleins-Tag zwei Artikel pro Woche veröffentlichen muss. Aber zehn oder zwölf wären schon toll.

Zusatzinformationen folgen, wenn die Website steht

Er nimmt sich vor, diese Lücke zu schließen und sich Gedanken um echte Fragen, Aufgaben und Lösungen zu machen. Dieses Jahr kann er bestimmt noch vier Stück schaffen, nächstes Jahr vielleicht sechs. Aber erst einmal muss die Website fertig werden.

Wer spricht?

Es folgt das Profil. Der IT-Trainer ist ein vielseitig interessierter Mensch. Systemische Familienaufstellung findet er zum Beispiel ausgesprochen spannend. Außerdem hat er im Vorjahr an einem Workshop für die Gestaltung von Flipcharts teilgenommen

Beides gehört jedoch nicht zu seinem Profil. Die systemische Familienaufstellung bedeutet keine Qualifikation für sein Kerngeschäft und die Flipchart-Gestaltung ist Teil seines selbstverständlichen Handwerkszeugs. Das muss er nicht extra betonen. Auch der Programmierkurs in Cobol, den er vor 25 Jahren belegt hat, ist für seine Arbeit heute wenig interessant. Was zählt, ist die Gegenwart.

Was wollen Kunden wissen?

Stattdessen wollen seine Auftraggeber wissen, in welchen Firmen er beschäftigt war: Sind die Ex-Arbeitgeber genauso groß wie sie selbst und haben sie eine vergleichbare Struktur? Mit welchen Aufgaben beschäftigt er sich? Was will er für seine Kunden erreichen?

Es soll ja auch nur ein Zweiweiler werden, der neugierig macht auf die Über-mich-Seite. Mit Blick auf seine Trainerpersönlichkeit schreibt er:

„Gut durchdachte Lösungen haben mich schon zu Beginn meiner Laufbahn fasziniert. Heute weiß ich, dass gut durchdachte Lösungen auf der Basis von Menschenkenntnis und guter Kommunikation entstehen.

In der Welt der IT treffen Formales und Emotionales zusammen.Einen homogenen Mix daraus zu machen, ist mein Auftrag."

Trusts/Referenzen

Kundenstimmen, Daten und Fakten

Jetzt wird es noch einmal richtig spannend. Bislang hat er noch nichts dazu gesagt, wie es ist, mit ihm zu arbeiten und was er für seine Kunden erreicht. Ein Artikel- und Presse-König ist er nicht gerade, aber für aktuelle Referenzen hat er immer gesorgt. Bei den Referenzen gilt: Mehr hilft mehr. Deshalb liest er seine Sammlung durch und wählt acht Stück aus, die er für besonders aussagekräftig hält.

Außerdem sammelt er Zahlen und Fakten zu seinem Berufsweg – das passt zu seiner Klientel. Er rechnet ein bisschen herum und stellt fest, dass er verweisen kann auf ...

- 25 Jahre Technik und IT
- 10 Jahre Führung
- mehr als 10 Jahre Praxis als Trainer und Coach
- rund 500 IT-Führungskräfte in Seminaren und Coachings

Handlungsaufforderung

Dazu entwirft der Trainer den folgenden Absatz:

„Sie sind IT-Führungskraft und haben Fragen zu Ihrer Rolle, Ihrer Entwicklung oder Ihrem Team?

Lassen Sie uns miteinander sprechen und buchen Sie ein kostenloses Erstgespräch. In diesem Gespräch erhalten Sie professionelles Feedback und eine Einschätzung, welche Lösung für Sie am besten geeignet ist. Ich freue mich, Sie kennenzulernen!"

Es folgt ein Button: *„Jetzt Termin buchen"*

23

Feinschliff: Alles richtig?

Hat der Trainer wirklich alle Fragen seiner Besucher beantwortet? Er setzt die Textmodule zusammen und prüft das Ergebnis.

Nun geht es um die Details. Ist alles vollständig? Hat der Text einen schönen Fluss? Hier und da ändert der Trainer noch eine Kleinigkeit und kommt zu diesem Ergebnis:

Beispiel im Überblick: Die Startseite

Modul	Text
Kopfzeile	Mobilnummer, E-Mail-Adresse, Terminvereinbarungstool
SEO-Überschrift	*„IT Führungskräfte-Seminar: Weiterbildung für Profis"*
Meta Description	*„IT-Führungskräfte wissen selbst am besten, was im Alltag funktioniert: Austausch, Impulse & Tipps unter Kollegen. Verwertbar von Anfang an. Mehr erfahren!"*
URL	IT-Fuehrungskraefte-Profis
Titel, Sub-Titel und CTA	*„Heinz Müller* ***IT-Führungskräfte: Weiterbildung in der Profi-Liga*** *Seminare, Coaching und Teambuilding in der IT – für erfahrene Führungskräfte.* *Termin vereinbaren"*
Pressezeile	Zitat: *„Mit Heinz Müller verbinden sich Erfahrung und ein innovativer Geist – unbedingt empfehlenswert!"*
Der erste Satz	*„Konzepte und Modelle kommen und gehen. Doch was bewährt sich in der Praxis?* ▶ *Sie wollen etwas bewegen: junge und erfahrene Mitarbeitende mitnehmen.* ▶ *Sie lieben Ihren Beruf und möchten sich weiterbilden.* ▶ *Jedoch nicht jedem Trend hinterherlaufen, sondern fundiertes Wissen aufbauen."*

Modul	Text
Steckbrief und Leistungen	*„Ein kritisch konstruktiver Dialog mit Profis, der Sie wirklich weiterbringt – das wär's! Richtig?* *Ich bin Führungskräftetrainer in der IT-Branche und habe mich auf erfahrene Führungskräfte spezialisiert. Meine Kunden sind mittelständische Unternehmen mit bis zu 500 Mitarbeitenden zwischen Hamburg und München.* *Sie suchen Inspiration und Lösungen für Hürden in Projekten, Selbstorganisation, Führung und einen Dialog über den praktischen Einsatz von Methoden und Konzepten.* *In diesen Formaten arbeite ich:* ***Seminare*** *Bis zu acht Teilnehmende, ein Thema und Lösungen, die sich in der Praxis bewährt haben.* ***Coaching*** *1:1-Coaching für die Entwicklung der Führungspersönlichkeit und aktuelle Herausforderungen.* ***Teambuilding*** *Aus Mitarbeitenden wird ein leistungsfähiges Team, das seine Ziele erreicht."*
Ressourcen	**Noch zu füllen.**
Wer spricht?	*„Gut durchdachte Lösungen haben mich schon zu Beginn meiner Laufbahn fasziniert. Heute weiß ich, dass gut durchdachte Lösungen auf der Basis von Menschenkenntnis und guter Kommunikation entstehen.* *In der Welt der IT treffen Formales und Emotionales zusammen. Einen homogenen Mix daraus zu machen, ist mein Auftrag."*
Trusts und Referenzen	Acht Kundenstimmen Zahlen und Fakten als Grafik: ▶ 25 Jahre Technik und IT, 10 Jahre Führung ▶ Mehr als 10 Jahre Trainer und Coach ▶ Rund 500 IT-Führungskräfte in Seminaren und Coachings

Modul	Text
Handlungsaufforderung (Call-to-Action)	*„Sie sind IT-Führungskraft und haben Fragen zu Ihrer Rolle, Ihrer Entwicklung oder Ihrem Team?* *Lassen Sie uns miteinander sprechen und buchen Sie ein kostenloses Erstgespräch. In diesem Gespräch erhalten Sie professionelles Feedback und eine Einschätzung, welche Lösung für Sie am besten geeignet ist. Ich freue mich, Sie kennenzulernen!"* **Button:** *„Jetzt Termin buchen"*
Fußleiste	Kontaktdaten, Social Media Buttons
Kontakt, Impressum	Impressum, Datenschutz

24

Nun sind Sie an der Reihe!

Nehmen Sie sich nun Ihren eigenen Textentwurf vor und prüfen ihn anhand der folgenden Empfehlungen für gut lesbare Texte.

Haben Sie keine Angst, Ihre Texte konsequent zu vereinfachen. Wirklich schlaue Menschen wissen, dass sich einer immer quälen muss: der Texter oder der Leser. Für einfach zu lesende Texte sind Ihre Leser und Leserinnen Ihnen dankbar.

Ein Tipp: Kürzere Texte können Sie im Textanalyse-Tool von Wortliga auf ihre Lesefreundlichkeit im Netz prüfen. Sie finden das Tool unter *http://www.wortliga.de/textanalyse/*.

Sie wissen ja: Ihre Besucherin will sich einen schnellen Überblick verschaffen, weshalb sie Ihnen für einfache Texte dankbar ist. Dazu haben Sie drei Hebel, an denen Sie ziehen können:

Texte vereinfachen

- Die Struktur
- Die inhaltliche Tiefe
- Die Sprache

Hebel 1: Die Struktur

Für Online-Texte gilt ganz besonders: Das Auge isst mit. Reine Buchstaben-Wüsten lassen die Orientierung vermissen. Sie sind ein wichtiger Grund, weshalb Besucherinnen eine Seite sofort wieder verlassen. Ihre Besucherin braucht visuelle Anker.

So wird die Struktur übersichtlicher

- Visuelle Haltepunkte schaffen Sie mit Überschriften, Fettungen, Aufzählungen und Verlinkungen.
- Fügen Sie nach rund 1.000 Zeichen oder zwölf Zeilen eine Zwischenüberschrift ein. Aus zu dicht gedrängten Texten steigen Leserinnen wieder aus.
- Machen Sie sich Ihre Kernaussagen klar und verwenden Sie sie als Überschrift.

Zwei Stolperfallen

Übertreiben Sie es aber nicht: Von zu vielen Fettungen werden Texte wieder unübersichtlich.

Und was auch ein schöner Fehler ist: Vermeiden Sie es, negative Begriffe zu fetten wie Streit, Dissenz, Konflikte oder Burnout.

Hebel 2: Die inhaltliche Tiefe

Der Zweck einer Website ist, den Besucher so neugierig zu machen, dass er Kontakt zu Ihnen aufnimmt. Ihr Besucher soll das Gefühl haben: „Hier versteht mich einer. Hier bin ich richtig!"

Neugierig machen ist wichtiger als fachliche Details

In die Details Ihrer Philosophie und Arbeitsweise müssen Sie dazu nicht einsteigen. Versuchen Sie bitte nicht, die Systemtheorie mit ihren Zirkelschlüssen und Rückkopplungen zu erklären. Ihre Website ist dazu nicht der richtige Ort. Schreiben Sie lieber modellhaft.

> **Beispiel:** In Fächern, in denen wir nicht beheimatet sind, leben wir alle mit modellhaften Erklärungen. Denken Sie nur an die Neurowissenschaften: Inzwischen hat sich herumgesprochen, dass der Mensch neu Gelerntes am besten verarbeitet, wenn er sich nach der Aufnahmephase Ruhe gönnt. Eine Seminarteilnehmerin sollte zum Beispiel am Abend die Party sein lassen und zeitig zu Bett gehen. Neue, intensive Eindrücke würden das eben Gelernte überlagern und den Lerneffekt verringern.

Neurowissenschaftler schlagen die Hände über dem Kopf zusammen: So einfach ist das doch nicht! Recht haben sie, aber sind die Details für uns Normalos wichtig? Wenn die Seminarteilnehmerin früh das Licht ausmacht, hat sie alles richtig gemacht. Man soll die wichtigen Eindrücke nicht überlagern – das reicht als Erklärung.

Suchen Sie für Ihre Website nach solchen Vereinfachungen. Ausufernde Detailgenauigkeit hat hier keinen Platz. Die Website ist erste Anlaufstelle und soll neugierig machen auf ein persönliches Gespräch: Wenn Ihr Lösungsansatz plausibel klingt, reicht das für den Anfang.

Hebel 3: Die Sprache

„Verwenden Sie in der Hauptsache kurze Sätze und vermeiden Sie Schachtelkonstruktionen. Bevorzugen Sie einfache, bildhafte Worte anstelle von Fremdwörtern und setzen Sie eine aktive Sprache statt Passiv-Konstrukte ein." Diese und ähnliche Empfehlungen für eine einfache Sprache können

Sie bei vielen Textern nachlesen. In der Praxis lassen sie sich so ohne Weiteres gar nicht umsetzen.

Einfache Wörter

Einfache Wörter etwa sind kurze Wörter mit ein oder zwei Silben wie Trauer, Freude, Wut, Liebe oder Schmerz. Untersuchungen zeigen, dass ein Text mit einer durchschnittlichen Silbenlänge von 1,6 einfach zu lesen ist. Liegt die durchschnittliche Silbenzahl bei zwei und mehr, ist Ihr Text bereits anspruchsvoll.

Im Trainermarketing haben Sie es mit Wort-Ungetümen wie „Organisationsentwicklung", „Teamentwicklung" oder „Kommunikationstraining" zu tun. Die Worte sind nicht schön, aber gängige Ausdrücke in der Weiterbildungsbranche.

Wie Sie lange Wörter geschickt umgehen

Ganz vermeiden können Sie sie nicht. Versuchen Sie dennoch, es Ihren Lesern so einfach wie möglich zu machen. Die „Team-Entwicklung" ist zumindest optisch schöner als die „Teamentwicklung". Und warum greifen Sie nicht zur aktiven Form? „Ich trainiere Kommunikation" ist doch hübscher als „Kommunikationstraining".

Versuchen Sie es doch auch einmal mit:

- Leistungen statt Leistungsspektrum
- Produkte statt Produktpalette
- Wettbewerb statt Wettbewerbslandschaft
- Problem statt Problemstellung
- Umsetzung statt Umsetzungsprozess
- Beratung statt Beratungsleistungen

Kurze Sätze

Vermeiden Sie verwirrende Satzkonstruktionen

Nach einer gängigen Empfehlung sollen Sätze nicht länger sein als 15 bis 17 Wörter. Doch viele Texter sträuben sich dagegen und sagen: Nicht auf die Anzahl der Wörter kommt es an, sondern auf die Struktur des Satzes. Tatsächlich können Sätze sehr lang sein, ohne unübersichtlich zu werden – denken Sie etwa an eine Aufzählung. Richtig schlimm hingegen sind Schachtelsätze. Auch Muttersprachler verheddern sich schon einmal, wie das Beispiel zeigt:

„Hauptsächlich sind hier die Kompetenzbereiche Business Solutions, Connectivity, Hardware, Security, Netzwerktechnologie und Support angesiedelt. Da unsere Outsourcing-Kunden, also diejenigen, welche der XXX ihre gesam-

te IT-Infrastruktur anvertraut haben, in der Hansestadt betreut werden, ist hier auch das Callcenter unserer aktiven Support-Hotline angesiedelt."

Zwei Gedankengänge sind hier ineinander verwoben: Einige Kunden vertrauen der Firma ihre Infrastruktur an und an diesem Standort sind verschiedene Abteilungen stationiert.

Die Alternative lautet: *„Einige unserer Kunden haben uns ihre gesamte IT-Infrastruktur anvertraut. Für sie haben wir ein Servicetelefon eingerichtet. In der Hansestadt haben wir das Callcenter sowie die Abteilungen Business Solutions, Connectivity, Hardware, Security, Netzwerktechnologie und Support angesiedelt."*

Faustregel: Pro Satz nur ein Gedanke

Wie so oft kommt es auf die richtige Mischung an: Ihr Text wirkt lebendiger, wenn sich darin kurze und etwas längere Sätze abwechseln. Vermeiden Sie es jedoch, mehrere Gedankengänge in einem Satz zu verarbeiten wie im Beispiel oben. Verwerten Sie pro Satz nur einen Gedanken.

Tipp!

Die 17-Wörter-Regel kann dennoch nützlich für Sie sein: Lange Sätze sollten Ihre Aufmerksamkeit wecken. Nehmen Sie sie noch einmal unter die Lupe: Müssen sie wirklich so lang sein? Stimmt die Informationsdichte oder ist es besser, zwei Sätze zu bilden? Können Sie Füllwörter herausnehmen?

Lesen Sie Ihre Texte am besten laut. Unebenheiten fallen so am besten auf.

Nominalstil

Nominalstil möglichst vermeiden

Ebenso wie verschachtelte Sätze sollten Sie Wörter mit Endungen auf -ung, -heit und -keit misstrauisch machen. Der Nominalstil ist typisch für umständliches Behördendeutsch. Hier ein Beispiel und eine Alternative: „Ich war mit der Leitung der Filiale beschäftigt" wird zu „Ich habe die Filiale geleitet".

Fremdwörter

Mit Fremdwörtern ist es wie mit langen Wörtern: Ganz vermeiden lassen sie sich nicht. Versuchen Sie dennoch, sie zu ersetzen, wo es nur geht: Auch wenn viele Kunden von Trainern und Coachs sehr gutes Englisch sprechen, ist das Deutsche für Deutsche immer ein bisschen einfacher. Außerdem widersetzen sich englische Begriffe in der Regel der deutschen Grammatik. Die unschönen Konstruktionen, die dabei entstehen, tun der Texterseele weh. Oder wissen Sie, wie ein weiblicher Coach heißt?

Fremd- und Lehnwörter nur in Maßen verwenden

Ein paar Ideen für mehr Deutsch auf unseren Webseiten:

- **Downloaden:** laden, herunterladen
- **Fokussieren:** sich auf etwas konzentrieren, sich auf etwas einstellen, Aufmerksamkeit auf etwas richten
- **Effektiv und effizient:** wirkungsvoll, wirksam und wirtschaftlich, leistungsfähig
- **Kompetenz:** Fähigkeit, Können, starke Seite
- **Integrieren:** einbauen, einbinden, eingliedern, einordnen, zusammenfassen, zusammenschließen

Ungenaue Aussagen

Ihr Besucher ist Ihnen für präzise Angaben dankbar. Diese wirken viel glaubwürdiger als ungefähre Aussagen. Anstelle von „Ich war erfolgreich und habe den Umsatz nachhaltig gesteigert" können Sie sagen: „Innerhalb der ersten vier Jahre konnte ich den Umsatz um zehn Prozent steigern und auf dem hohen Niveau halten."

Schreiben Sie präzise

Passiv-Formulierungen

Passiv-Formulierungen verschleiern, wer handelt und wer verantwortlich ist. Aus Ihrer Trainings- und Coaching-Praxis kennen Sie das. Wenn einer sagt: „Man müsste mal wieder ...", dann wissen Sie, dass nichts passieren wird.

Auch für Texte sind Passiv-Formulierungen unschön. Versuchen Sie es lieber aktiv, zum Beispiel so:

„Unsere Services werden von unseren Kunden gerne in Anspruch genommen" wird zu „Unsere Kunden nehmen gerne unsere Services in Anspruch". Und „Die Lösungen werden individuell mit Ihnen abgestimmt" wird zu „Wir stimmen die Lösungen mit Ihnen persönlich ab".

Aktive Formulierungen wirken bestimmter

Negativ-Aussagen

Am besten vermeiden Sie Formulierungen, die Worte wie „kein", „nicht", „schwierig", „Konflikte", „Probleme" oder ähnliche negative Begriffe beinhalten. Auch der Ausdruck „kein Problem" ist unglücklich. Auch wenn

Sie eigentlich erklären wollen, dass Sie die Probleme aus der Welt schaffen, rufen Sie sie erst einmal ins Bewusstsein.

Sprachhülsen aufbrechen

Verabschieden Sie sich von abgenutzten Begriffen

Manche Ausdrücke sind so bildhaft und so gut, dass sie jeder benutzt. Damit nutzen sich diese Ausdrücke allerdings ab, wirken nicht mehr profilbildend und sind nicht mehr zu empfehlen. Dann gibt es Begriffe, die eigentlich noch nie gut waren, aber trotzdem immer wieder verwendet werden. Nachfolgend finden Sie eine Liste der beliebtesten Ausdrücke und Alternativen dazu:

Beliebte Sprachhülse	Alternativen
„Langjährige Erfahrung"	Was will das Unternehmen mitteilen? Ist es träge? Oder rückwärts gewandt? Und worin liegt die Erfahrung? Besser ist es, genaue Zahlen und Fakten zu nennen: „Fünf Jahre Erfahrung im Training von Präsentationsstechniken." Oder: „Unsere Mitarbeiter verfügen insgesamt über 50 Jahre Erfahrung im Aufbau und der Entwicklung von Vertriebsteams."
„Erfolgreiches Unternehmen"	Eine beliebte „Ich-bin-toll"-Aussage, die meistens ohne Beleg bleibt. Glaubwürdige Signale für Erfolg sind Pressemeldungen zu Umsatzwachstum, neue Mitarbeitende, abgeschlossene Projekte, neue Kunden und Partner, neue Arbeits- und Entwicklungsmethoden oder Ergebnisse in Forschung und Entwicklung.
„Herausforderung"	Der Begriff bedeutet eigentlich: Provokation, Brüskierung, Affront, Kriegserklärung, Reizthema, Zündstoff. Eine Alternative: „Die Aufgabe fordert unseren ganzen Einsatz. Wir nehmen sie gerne an."
„Dienstleistungskompetenz"	Was „Dienstleistungskompetenz" bedeutet, weiß ich ehrlich gesagt nicht. Mögliche Erklärungen sind: die Fähigkeit zuzuhören und zu beraten, Erreichbarkeit, Serviceorientierung. Was meinen Sie?

Beliebte Sprachhülse	Alternativen
„Wir sind Partner für unsere Kunden."	Oder auch: „Wir setzen uns für Ihre Ziele ein." Oder: „Maßgeschneiderte Lösungen." Das ist gut und wichtig – allerdings so selbstverständlich, dass es nicht eigens erwähnt werden muss.
„Ganzheitlicher Ansatz"	Oder auch: „Der Mensch steht bei uns im Mittelpunkt." Die Begriffe werden so häufig gebraucht, dass Sie sich für den Aufbau eines unverwechselbaren Profils nicht eignen. Außerdem stellt sich die Frage, was genau damit gemeint ist.

Die Phrasenampel

Aufgeblasen, kompliziert, selbstverständlich: Diese Sätze haben wir zu häufig gelesen und wollen sie nicht mehr sehen. Wenn Sie einen solchen in Ihrem Entwurf finden, sollten Sie daran feilen:

So nicht: zu kompliziert, zu selbstverständlich

„Es ist mein Ziel, die Menschen in unterschiedlichsten Lernsituationen ‚ins TUN' zu bringen." – Aber selbstverständlich, die Intervention soll doch keine Theorie bleiben!

„Mein Leadershiptraining richtet sich im Besonderen an Führungskräfte, Leistungsträger und Menschen, die hohen Anforderungen und Belastungen ausgesetzt sind und sich wünschen, besser mit Stress und herausfordernden Situationen umgehen zu können." – Das Problem dieses Textentwurfes: Das ist als Angebot zu allgemein. Es stimmt für jeden und alle. Wer ist der Zielkunde?

„Ich arbeite mit strukturierten Analysemethoden und zielorientierten Interventionsformen." (Das hoffe ich als Kunde!) *„Dabei ist mir die praktische Umsetzbarkeit der erarbeiteten Lösungen wichtig."* (Auch das sollte so sein.) *„Von zentraler Bedeutung ist eine vertrauensvolle Beziehung zwischen Ihnen als Klient/in und mir als Coach."* (Stimmt, sonst fangen wir beide gar nicht erst an!)

„Gemeinsam mit meinen Auftraggebern werden für Workshops oder Seminare nach der Analyse der Ausgangslage die Ziele bestimmt und das Vorgehen individuell festgelegt." – Richtig, so macht man das.

„Ein wesentliches Ziel ist, die beteiligten Personen so früh wie möglich aktiv einzubinden, um die Akzeptanz der Maßnahme zu erhöhen." – Das ist zuge-

geben richtig und wichtig, aber Best Practice im Change Management. Die Aussage profiliert nicht.

„In meinem Coaching-Verständnis arbeiten wir auf Augenhöhe, bedürfnisorientiert und lösungsfokussiert." (Das hoffe ich als Kunde!) *„Meine Arbeit ergänze ich durch eine valide Werte- und Bedürfnisanalyse als zertifizierter Berater von XYZ."* (Was ist das für eine Analyse? Wer sagt, dass sie valide ist?).

„Coaching heißt ressourcenorientiert denken, nach vorhandenen (verschütteten) Kompetenzen und Ressourcen suchen und so dem Klienten helfen, seine eigenen Lösungsansätze zu finden." – Ob es sinnvoll ist, eine Coaching-Definition auf die Website zu stellen, kommt auf die Zielkunden an. Bei Privatkunden kann das sinnvoll sein. Dann würde ich aber einfachere und kürzere Sätze wählen.

„Coaching ist meine konstruktive Haltung von Wertschätzung und Respekt gegenüber den Menschen." – Oooch, puh. Das ist aber geschwollen!

„Ich bin davon überzeugt, dass jeder sowohl die Lösung für sein persönliches Thema als auch das Potenzial zur Erreichung seines individuellen Ziels bereits in sich trägt." – Das glaubt der Anbieter. Die Leserin muss das nicht so sehen. Außerdem haben wir es hier mit einer Kernaussage des Coachings zu tun: Nicht geeignet für eine Profilierung.

„Coaching, ein optimaler Prozess zum Finden des persönlichen Lösungsweges, zur Entdeckung der eigenen Ressourcen und zum Aufzeigen der individuellen Möglichkeiten." – Wie oben: Wem genau muss man das sagen? Wenn die Zielkunden wirklich Erklärung brauchen, ist das zu knapp. Wenn sie keine Erklärung brauchen, überflüssig.

„In meinen Coachings entwickeln wir auf Ihren Ressourcen und Ihren Kompetenzen beruhende maßgeschneiderte, ganzheitliche und praktikable Lösungsansätze." – Auch hier gilt: Dies ist eine Kernaussage des Coachings. Zugleich sind hier zwei Gedanken in einem Satz verwurstet.

„Ich arbeite mit einem ergebnis- und lösungsorientierten Coaching-Ansatz mit dem Ziel, individuelle Ressourcen und Kompetenzen zu fördern." Oder: *„Ich gehe davon aus, dass jeder Mensch bereits über das Wissen und die erforderlichen Erfahrungen verfügt, um eigene Lösungen für sein/ihr Anliegen zu finden bzw. um gewünschte Ressourcen zur Entfaltung zu bringen."* Oder: *„Ich bin der Meinung, dass die Einzigartigkeit des Menschen im Lernen und bei der Suche nach Lösungen für die jeweiligen Alltagsprobleme berück-*

sichtigt werden muss, um wirklich nachhaltige Transformationsprozesse zu initiieren.“ – All das ist selbstverständlich für das Coaching.

„Ich verstehe Coaching als systemische, ganzheitliche Entwicklung von Arbeits- und Lebensperspektiven, das als Ziel die Wiederherstellung bzw. Verbesserung der Handlungsfähigkeit des Klienten hat.“ – Wie bitte?! Das ist viel zu kompliziert.

„Inhaltliche und thematische Auseinandersetzungen, regelmäßige Supervision und berufliche Fort- und Weiterbildungen gehören selbstverständlich zu meiner Arbeit.“ – Genau, und weil das selbstverständlich ist, muss man es nicht extra sagen.

„Dieses intensive Führungstraining geht gezielt auf die hohen und vielschichtigen Anforderungen an Führungskräfte ein und ist das ideale Training zur Optimierung der eigenen Führungsarbeit.“ – Der Sinn und Zweck von Kaffee ist, dass er gut riecht und schmeckt, oder so. Entschuldigung: Das ist selbstverständlich.

„Ein entscheidender Erfolgsfaktor der Mitarbeiterführung ist die gute Kommunikation mit den Mitarbeitenden. Eine wichtige Rolle spielen dabei die Mitarbeitergespräche wie Zielvereinbarungs-, Beurteilungs- und Feedback-Gespräche, die wir im Training eingehend beleuchten und trainieren.“ – Ja, schon. Inhaltlich wichtig und richtig. Dient aber nicht der Profilbildung und ist kein schönes Deutsch.

„Im Training reflektieren Sie Ihr Führungsverhalten und erlernen Grundlagen, Methoden und Techniken einer effektiven und zielgerichteten Mitarbeiterführung.“ – Der Lektor, bei dem ich einmal ein Praktikum gemacht habe, hätte gesagt: Stelzdeutsch.

„Unsere Trainings sind maßgeschneidert und konsequent an den Bedürfnissen der Teilnehmenden ausgerichtet.“ – Na, ein Glück!

Phrasen erzeugen oft negative Emotionen

Falls Sie meine Kommentare als gallig empfinden – Verzeihung! Wenn Sie Phrasen wie die genannten gebündelt lesen, halten Sie es irgendwann nicht mehr aus. Das wirklich Schlimme ist, dass es Ihren Ansprechpartnern in den Personalabteilungen genauso ergeht. Sie haben eine Aufgabe und suchen einen Fachmann oder eine Fachfrau dazu. Statt Informationen bekommen sie Phrasen – und zwar seitenweise. Tun Sie ihnen das um Ihrer selbst willen nicht an: Sie wecken ernsthafte Aggressionen!

Überstrapazierte Zitate

Auch die folgenden, eigentlich schönen Zitate, leiden unter ihrem inflationären Gebrauch. Suchen Sie sich am besten eine Alternative.

- *„Man kann einen Menschen nichts lehren, man kann ihm nur helfen, es in sich selbst zu entdecken."* (Galileo Galilei)
- *„Lernen ist wie Rudern gegen den Strom. Sobald man aufhört, treibt man zurück."* (Benjamin Britten)
- *„Wenn Du ein Schiff bauen willst, dann trommle nicht Männer zusammen um Holz zu beschaffen, Aufgaben zu vergeben und die Arbeit einzuteilen, sondern lehre die Männer die Sehnsucht nach dem weiten, endlosen Meer."* (Antoine de Saint-Exupery in: Die Stadt in der Wüste/Citadelle)

Vorsicht bei Zitaten zeitgenössischer Personen

Beachten Sie bitte: Seien Sie grundsätzlich aufmerksam bei der Verwendung von Zitaten zeitgenössischer Urheber auf Ihrer Website. Die Zitierfreiheit ist nicht unbegrenzt. Das Zitat muss einen Zweck erfüllen und darf nicht um seiner selbst willen übernommen werden. Ein Rechte-Inhaber könnte dagegen vorgehen.

Ein prominentes Beispiel sind die Redewendungen des Komikers Karl Valentin. Seit einigen Jahren werden missbräuchlich verwendete Zitate Valentins von seinen Erben mit hohen Schadensersatzforderungen anwaltlich verfolgt.

25

Zweiter Check des Textworks

Lassen Sie sich kritisch-konstruktives Feedback geben von Menschen, die Ihre Kunden sein können.

Der IT-Trainer aus unserem Beispiel mochte seinen Text und hat daran nichts mehr geändert. So viel konnte der Trainer bis hierher tun. Jetzt geht es darum, die Texte in das Content-Management-System einzustellen. Die Systeme geben vielfältige Module und damit Gestaltungsmöglichkeiten vor.

Es passiert häufig, dass die Textbausteine – einmal in die Module eingestellt – anders wirken als gedacht. Mal sind Sätze zu lang, mal zu kurz. Ein letzter Schliff ist üblich. Zudem ist Feedback wertvoll. Holen Sie es sich gerne ein, denn auf sich gestellt, übersieht man die dicksten Fehler.

Wählen Sie Ihre Feedback-Geber jedoch sorgfältig aus. Wenn Sie zwölf Menschen fragen, bekommen Sie zwölf Antworten – mindestens. Es gilt, eine Balance zu finden: Inspiration und berechtigte Kritik sollten Sie würdigen und Fehler beheben.

Lassen Sie sich dennoch nicht völlig verunsichern, womöglich so, dass Sie die ganze Seite umwerfen. Ich war einmal Teil einer Feedback-Runde zu einer neu erstellten Website einer Trainerin. Die Teilnehmenden, angespornt von der ehrenvollen Aufgabe, begannen, Fehler in den Details zu suchen. So wurde etwa ein tiefgestellter Trennstrich zwischen Telefonvorwahl und Telefonnummer zum heiß diskutierten Thema.

Die Trainerin hatte schließlich den Eindruck, von ihrer Agentur schlecht beraten worden zu sein. Ganz zu Unrecht, wie ich fand.

Feedback: Auf den Blickwinkel kommt es an

Bedenken Sie, dass Ihre Feedback-Geber nur das kritisieren können, wofür ihr Auge geschult ist. Ich hätte mir zum Beispiel pointiertere Argumente für die Leistungen gewünscht. Doch außer mir war niemand am Text interessiert.

Wer also kann Ihnen helfen? Fragen Sie besser nicht Ihre Familie und enge Freunde. Sie wünschen Ihnen das Beste und haben nur selten die notwendige kritische Distanz. Auch Ihre Berufskollegen haben einen anderen Blick als mögliche Kunden und Kundinnen. Für ein kritisch-konstruktives Feedback ist das jedoch keine gute Ausgangslage.

Versuchen Sie von solchen Menschen Feedback zu bekommen, die Kunden von Ihnen sein können. Die Aufgabe ist alles andere als trivial, denn Sie sollten Ihre Feedback-Geber zwar so gut kennen, dass sie Ihnen Feedback geben, aber auch nicht zu gut. Die Situation Ihrer Besucher und Besucherinnen auf der Website ist, dass diese nur wenig von Ihnen wissen und sich einen Eindruck verschaffen wollen. Wer aus Ihrem Bekanntenkreis ist in einer solchen Situation?

Mit diesem letzten Feedback-Impuls und Feinschliff sind wir nun am Schluss dieses Ratgebers angelangt. Damit haben Sie alles Wichtige zur Hand, was Sie für die praktische Umsetzung Ihrer Website benötigen.

Download: Exkurs Social Media

Als kleines Extra finden Sie bei den Download-Ressourcen zu diesem Buch noch Tipps dazu, wie Sie über Social Media weitere potenzielle Kunden und Kundinnen auf Ihre neue Website leiten und für Ihr Angebot gewinnen können.

Und nun wünsche ich Ihnen viel Erfolg mit Ihrem Online-Auftritt! Lassen Sie doch einmal von sich hören. Es wäre mir eine Freude.

Herzliche Grüße
Kerstin Boll

Literatur & Links

- 2022 B2B Buyer Behavior Survey: Orgs Must Remain Agile As Buyers Conduct Self-Service, Anonymous Journeys. Demand Gen Report, 2022. *https://www.demandgenreport.com/resources/research/2022-b2b-buyer-behavior-survey-orgs-must-remain-agile-as-buyers-conduct-self-service-anonymous-journeys/*
- 2023: The year in charts. McKinsey & Company, 2023. *https://www.mckinsey.com/featured-insights/2023-year-in-review/2023-the-year-in-charts*
- 2023: The year in innovation. McKinsey & Company, 2023. *https://www.mckinsey.com/featured-insights/2023-year-in-review/2023-the-year-in-innovation*
- Augmented work for an automated, AI-driven world. Boost performance with human-machine partnerships. IBM, 2023. *https://www.ibm.com/downloads/cas/NGAWMXAK*
- B2B Marketing Trends 2023. DIM Deutsches Institut für Marketing, 2023. *https://www.marketinginstitut.biz/blog/b2b-marketing-trends/*
- Die Sprache der nächsten Gesellschaft. The Future Project, 2024. *https://thefutureproject.de/content/die-sprache-der-naechsten-gesellschaft*
- Erich, Philipp: Google E-E-A-T: Bedeutung für SEO, Faktoren & hilfreiche Fragestellungen. Camedia, 2023. *https://camedia.de/googles-e-e-a-t-bedeutung-seo*
- Gartner for Sales: The Sense Making Seller. Gartner, 2022. *https://www.gartner.com/en/sales/trends/sense-making-seller*
- Googles SEO-Guidelines: Startleitfaden zur Suchmaschinenoptimierung (SEO). *https://developers.google.com/search/docs/fundamentals/seo-starter-guide?hl=de*
- Hossenfelder, Jörg; Mathony, Susanne: KI, Restrukturierung & Transformation – So wird sich die Consultingbranche 2024 entwickeln. Consulting.de, 2024. *https://www.consulting.de/artikel/ki-restrukturierung-transformation-so-wird-sich-die-consultingbranche-2024-entwickeln*

- Hossenfelder, Jörg: Rosige Aussichten trotz Rezession: Consulting-Häuser blicken optimistisch auf 2024. Consulting.de. *https://www.consulting.de/artikel/rosige-aussichten-trotz-rezession-consulting-haeuser-blicken-optimistisch-auf-2024/*
- HubSpot-AI als Turbo für Ihre Arbeitsweise. HubSpot, o.J. *https://www.hubspot.de/products/artificial-intelligence*
- KI im Leadmanagement: Wie künstliche Intelligenz das Spiel verändert. DIM Deutsches Institut für Marketing, 2023. *https://www.marketinginstitut.biz/blog/ki-im-leadmanagement/*
- KI-Kampagnen-Generator. GPT-basierte künstliche Intelligenz, die deine ganze Marketingkampagne erstellt. Get Response, o.J. *https://www.getresponse.com/de/funktionen/ki-kampagnen-generator*
- KI-Gesetz: erste Regulierung der künstlichen Intelligenz. Themen, Europäisches Parlament, 2023. *https://www.europarl.europa.eu/topics/de/article/20230601STO93804/ki-gesetz-erste-regulierung-der-kunstlichen-intelligenz*
- Kolbusa, Matthias: Berater-Bibel. Die Erfolgsprinzipen für Berater, Trainer & Coachs. CM Consulting Mastery, 2020.
- Lapp, Jennifer: SEO: Ein umfassender Leitfaden. HubSpot, aktualisiert 2023. *https://blog.hubspot.de/marketing/seo-leitfaden*
- Neue globale KI-Richtlinie. datenschutzticker.de, 2023. *https://www.datenschutzticker.de/2023/11/neue-globale-ki-richtlinie/*
- Neue Lünendonk-Studie: Die Grenzen zwischen Business, Softwareentwicklung und IT-Operations verschwimmen. Lünendonk, 2023. *https://www.luenendonk.de/aktuelles/presseinformation/neue-luenendonk-studie-die-grenzen-zwischen-business-softwareentwicklung-und-it-operations-verschwimmen/2023*
- Personal Branding Canvas. BigName Your People. *https://bigname.pro/personal-branding-canvas/*
- Rethink The B2B Buyer's Journey. The Transformed Relationship Between Buyers, Marketers and Salespeople, LinkedIn Business, 2022. *https://business.linkedin.com/marketing-solutions/strategy-guides/rethinking-the-b2b-buyers*
- Rorig, Daniela: Texten können. Das neue Handbuch für Marketer, Texter und Redakteure. Rheinwerk Computing. 2020.
- Rus, Alexander: E-E-A-T SEO: Erklärung, SEO-Relevanz & Tipps. OMR Reviews, 2023. *https://omr.com/de/reviews/contenthub/eeat-seo*
- Search Engine Journal: SEO for Beginners: An Introduction to SEO Basics. Search Engine Journal, o.J. *https://www.searchenginejournal.com/seo/*
- Stoffer, Lina: Social Media Statistiken für Deutschland [Update 2024], Meltwater, 2024. *https://www.meltwater.com/de/blog/social-media-marketing-statistiken*

- The Future of Sales: Digital-First Sales Transformation Strategies. Are you ready for the buyer-centric digital-first future of sales? Gartner, 2020. *https://www.gartner.com/en/sales/trends/future-of-sales*
- The State of Organizations 2023: Ten shifts transforming organizations. McKinsey & Company, 2023. *https://www.mckinsey.com/capabilities/people-and-organizational-performance/our-insights/the-state-of-organizations-2023*
- Think with Google: The zero moment of truth macro study, Google, 2011. *https://www.thinkwithgoogle.com/consumer-insights/consumer-journey/the-zero-moment-of-truth-macro-study/*
- Think with Google: Marketing in the messy middle. Part 2 of the Decoding Decisions series, Google, 2023. *https://www.thinkwithgoogle.com/_qs/documents/18368/Decoding_Decisions_Marketing_in_the_Messy_Middle_DclfruV.pdf*
- Trend Technosoziale Arbeitswelt erfordert unmittelbares Handeln von Unternehmen. Zukunftsinstitut, 2023. *https://www.zukunftsinstitut.de/zukunftsthemen/trend-technosoziale-arbeitswelt*
- Twilio Segment. Der Status der Personalisierung im Jahr 2023. Twilio, 2023. *https://gopages.segment.com/rs/667-MPQ-382/images/TS-CNT-report-state-of-personalization-de.pdf*

Stichwortverzeichnis

9-Schritte-Plan 96

A
Achtsamkeit? 37
Angebotsseite 164

B
Bauch der Venus 35
Baukastensysteme 125
Bias 67
Blog 113

C
Call-to-Action 46, 161, 176
Chatbot 114
Chimpify 127
Cognitive Ease 70, 133
Community Marketing 23
Context is King 14
Conversional Copywriting 148
Cookies 112

D
Datenschutz 17, 112, 162
Delivery friction 71
Design 117

E
E-E-A-T 77, 80
Elemente einer Website 111
Emotionalisierung 21, 69
Entscheidungsabkürzung 67
Entscheidungscoach 13

F
FAQ 114
Farben 119
Formulieren 202
Fotos 136
Fußzeile 162

G
Generalisten 31
GetResponse 127
Google 76

H
H1-Überschrift 156
Headshot-Fotografie 139
Homepage 111, 154

I
Impressum 112, 162
Individualmarketing 17
Integrierte Systeme 127
Interviews mit Personalentscheidern 39

J
Jimdo 125

K
Kernbotschaft 45
KI im Marketing 17
Kompetenznachweise 45, 53, 174
Kontaktdaten 45, 111
Kontaktformular 114
Kopfzeile 155

Kundengewinnung 20, 82
Kundeninteressen 16, 30
Kundenstimmen 112, 181

L

Landingpage 167
Layout 118
Leistungsbeschreibung 159

M

Marketing 10
Meta Description 184
Mobile Endgeräte 60, 131
Modelle 11

N

Newsletter 113
Nominalstil 204

O

One-Pager 47, 60, 131
Optionen begrenzen 134

P

Personal Branding 54, 106
Phrasen 207
Porträtfotos 137
Positionierung 54, 104
Praxisbeispiel 73, 190
Profil 31, 44, 50
Projektplan 100

Q

QUEST-Prinzip 168

R

Rechtliches 112, 162
Referenzen 181
Responsive Design 117

S

Schriftarten 120
Seitenstruktur 129
Selbstbewusstsein 56
Selbstvermarktung 91
Selbstverständlichkeiten 36, 207
Sense Making 14
SEO 77, 184
Sicherheit vermitteln 48
Snippets 183
Social Media 27, 83, 212
Social Proof 68
Spezialisten 31
Sprache 202
Sprachhülsen 206
Startseite 111, 154
Steckbrief 159
Sub-Titel 157
Suchaufwand 65
Suchmaschine 77, 183
SWOT-Analyse 105

T

Technische Möglichkeiten 118
Terminbuchungs-Tool 114
Texten mit KI 151, 165, 169, 187
Textstruktur 201
Textwork 146
Titel 156
Tonfall 37
Transformationsthemen 104
Trust 157, 161
Typografie 119

U

Überangebot 13
Über-mich-Seite 111, 173
Überschrift 122, 156
URL 185
USP 51

V

Verbundenheit 22
Verkaufsstrategie 14
Vertrauen 15, 77
Vertrauenswürdigkeit 78
Videos 142
Vorsicht Bauchladen! 32

W
Websichere Schriftarten.......................... 120
Website-Projektplan 100
WordPress.. 125

Y
YMYL-Themen 79

Z
Zitate.. 210